农业物联网应用体系结构与关键技术研究

◎ 郑纪业 著

中国农业科学技术出版社

图书在版编目(CIP)数据

农业物联网应用体系结构与关键技术研究 / 郑纪业著 . —北京:
中国农业科学技术出版社,2017. 8
ISBN 978-7-5116-3170-1

Ⅰ. ①农… Ⅱ. ①郑… Ⅲ. ①互联网络-应用-农业-研究②智能
技术-应用-农业-研究 Ⅳ. ①S126②F32-39

中国版本图书馆 CIP 数据核字(2017)第 162136 号

责任编辑 王更新 李 华
责任校对 贾海霞

出 版 者 中国农业科学技术出版社
北京市中关村南大街 12 号 邮编:100081
电 话 (010)82106664(编辑室) (010)82109702(发行部)
(010)82109709(读者服务部)
传 真 (010)82106631
网 址 http://www.castp.cn
经 销 者 各地新华书店
印 刷 者 北京富泰印刷有限责任公司
开 本 710mm×1 000mm 1/16
印 张 7. 75
字 数 150 千字
版 次 2017 年 8 月第 1 版 2017 年 8 月第 1 次印刷
定 价 58. 00 元

序　言

物联网（Internet of Things）最早是由麻省理工学院 Ashton 教授于 1999 年在研究 RFID 时提出的，发展至今已成为各国构建经济社会发展新模式和重塑国家长期竞争力的先导领域。2008 年年底，IBM 提出的“智慧地球”构想更是上升到了美国国家发展战略的高度，2009 年，欧盟提出“物联网行动计划”，日本政府启动“i-Japan 战略 2015”，韩国颁布《物联网基础设施构建基本规划》。2009 年，时任国务院总理温家宝视察无锡时提出“感知中国”理念，使物联网概念在国内引起高度重视，成为继计算机、互联网、移动通信之后新一轮信息产业浪潮的核心领域。

农业是物联网技术的重点应用领域之一，也是物联网技术应用需求最迫切、难度最大、集成性特征最明显的领域。目前，我国农业正处在从传统农业向现代农业迅速推进的过程当中，现代农业的发展迫切需要集约化生产、自动化控制、信息化管理、电子化交易和系统化物流，这些内在需求迫切呼唤信息技术的支撑，物联网浪潮的来临为现代农业发展创造了前所未有的机遇。2013 年以来，农业部启动了农业物联网区域示范工程，选择有一定工作基础的天津、上海、安徽三省市率先开展试点试验工作，对于提升农业物联网理论及应用水平，探索物联网在农业领域的应用方向、发展模式及其重点领域，推动农业生产方式转化，促进农民增收，具有十分重要的意义。

农业物联网作为新的技术浪潮和战略新兴产业得到了我国党和政府的高度重视，面临前所未有的发展机遇，但同时我国农业物联网的发展正处于初级阶段，农业物联网技术、产品以及商业化运营模式都还不成熟，农业物联网的发展仍然处于探索和经验积累过程中，已开展的绝大多数农业物联网应用项目属于试验、示范性项目，农业物联网的发展还存在许多挑战性的问题。一方面是底层感知设备多种多样，接口各异，通信协议种类繁多，缺乏一个通用的上层控制软件能够方便、灵活地对底层的硬件设备进行简易的配置和控制；另一方面是目前农业物联网系统平台主要以垂直行业研发为主，平台架构存在封闭化、耦合度高和扩展性差等问题，使得企业之间的数据分享和服务协同变得异常困难，形成了诸多“信息孤岛”。

本书以所建立的系统能够方便快捷地整合底层异构感知网络，降低开发农业物联网系统的技术门槛，同时保证所建立的上层应用具有分布式、松耦合及可共享等特性为目标，重点就农业物联网应用体系结构及其关键技术进行了全面阐述和总结。全书共分 5 章，内容包括国内外农业物联网发展现状、农业物联网体系结构及其应用领域、农业物联网接入层设计与实现、面向服务的农业物联网数据共享架构研究以及无线传感器网络路由算法研究。为了全面反映农业物联网国内外最新研究成果，本书参考或引用了大量相关文献，其中大多数已在书中注明出处，但难免有所疏漏。在此，向有关作者和专家表示感谢，并对没有标明出处的作者表示歉意。

本书还凝聚了许多农业信息领域科研人员的智慧和见解，我首先要感谢我的导师中国农业科学院农业信息研究所许世卫研究员，多年来他在科研工作中的教诲和指导让我受益良多。对于农业物联网研究过程中遇到的问题和困惑，多次请教中国农业大学李道亮教授、山东科技大学房胜教授，他们的指点让我茅塞顿开。感谢山东省农业科学院科技信息研究所阮怀军研究员、崔太昌研究员、王磊副研究员，山东省水稻研究所李景岭研究员、山东省农业科学院党群工作处王志诚研究员及中国农业科学院农业信息研究所各位老师的指导。感谢山东省农业科学院科技信息研究所王风云副研究员、封文杰副研究员、刘延忠副研究员、张晓艳研究员、赵文祥研究员、唐研副研究员等同事的建议和帮助。

农业物联网是一个复杂的系统工程，涉及电子、通信、计算机、农学等若干学科和领域，除了理论、技术和方法外，工程实施和应用中遇到的问题会更多，由于作者水平有限，书中错误或不妥之处在所难免，诚恳希望同行和读者批评指正。

作者

2017 年 5 月

目　　录

图目录

表目录

英文缩略表

英文缩写	英文全称	中文名称
AIoT	Agricultural Internet of Things	农业物联网
EPC	Electronic Product Code	产品电子代码
ONS	Object Naming Service	对象名解析服务
PML	Physical Markup Language	实体标记语言
CBV	Core Business Vocabulary	核心业务词汇标准
EPCIS	EPC Information Services	EPC 信息服务标准
USN	Ubiquitous Sensor Network	泛在传感器网络
NGN	Next Generation Networ	下一代互联网
RWI	Real World Internet	真实世界互联网
ISO	International Organization for Standardization	国际标准化组织
AOA	Autonomic Oriented Architecture	自主体系结构
MNN	Manlike Neutral Network	基于类人体神经网
SOF	Social Organization Framework	社会组织架构
CPS	Cyber-Physical System	网络化物理系统
IT	Information Technology	信息技术
CT	Communication Technology	通信技术
SOA	Service Oriented Architecture	面向服务的架构
UART	Universal Asynchronous Receiver/Transmitter	通用异步接收/发送装置
FIFO	First Input First Output	先入先出队列
FFD	Full Function Device	全功能节点
RFID	Radio Frequency IDentification	射频识别
SOAP	Simple Object Access Protocol	简单对象访问协议
WSDL	Web Service Deseription Language	Web Service 描述语言
UDDI	Universal Deseription Diseoveryand Integration	通用描述、发现和集成
XML	eXtensible Markup Language	可扩展标记语言
BPS	Business Process Service	业务流程服务
GAP	Good Agricultural Practices	良好农业规范
HACCP	Hazard Analysis Critical Control Point	危害分析与关键控制点
LEACH	Low Energy Adaptive Clustering Hierarchy	低功耗自适应分簇分层型协议
EDEEC	Event Driven Energy Efficient Clustering	基于事件驱动的能量高效分簇路由协议
WSN	Wireless Sensor Network	无线传感器网络
Sim	Simulation kernel library	仿真内核库
NED	Network Description	网络描述
BPEL	Business Process Execution Language	业务流程执行语言

1 绪论

1.1 研究的背景及意义

手中有粮，心中不慌。我国耕地面积与世界耕地面积之比为7%，人口与世界总人口之比为22%，一直创造着以不到世界7%的耕地养活了世界22%的人口的奇迹，因此保障粮食安全对中国来说是永恒的课题，任何时候都不能放松。一直以来，我国农业以追求速度和产量为主，农业面源污染严重、水土资源过度开发、生态环境透支等问题日益突出，因此，我国农业在经过近几十年的以高投入换增产、以资源换产量的道路后，却不得不面对因生产技术落后、科技投入有限、基础薄弱而导致的产量增长缓慢、生产效益低下、农业得不到到较好较快的发展等问题（王冬，2013）。新形势下，我们必须依赖科学技术的发展，转换农业经营发展方式，不断完善农产品经营体系，平衡生态资源环境的发展与粮食生产之间的关系，实现粮食增产创收。在农业领域中，针对新形势下的新需求，利用物联网等关键信息技术，加速发展农业智能化与现代化，对于提升精细化水平，保障粮食生产安全，改善生态环境，提高农产品单产数量和质量，实现农村经济持续快速稳定发展，具有十分重要的意义。

农业物联网具有带动大、渗透强、效益好的特点，是新兴技术在农业领域全面综合应用。农业物联网的应用，有利于推动农业生产、经营方式向网络化、精细化、智能化方向转变，对于提高公共服务与社会管理的水平，提升农业信息化的水平，增强农业技术创新能力，推动农业发展方式转变与产业结构的调整，带动农业相关学科延伸，都有特别重要的意义。当前，物联网已经被我国列为战略性产业的重要组成部分（国发〔2013〕7号）。

物联网技术，是指按照约定的协议，通过各种信息传导设备，将任何其他物体接入到互联网，实现信息交互通信，达到智能化的识别与定位、追踪与监控的一种网络信息技术。该技术在农业领域得到广泛应用，将大批量传感器的节点组建成农业监控网络，依赖各种传感器采集数据信息，以便及时发现农业方面发生的问题，且精准地确定发生问题的具体位置，逐步把农业从以劳动力为中心、仅仅依靠孤立农机的旧生产模式转换为以数据与信息为中心的新生产模式；利用各种远程控制、智能化、自动化的生产设备，通过互联共享信息，获取更多的农业信息服务，提高农机作业工程实施水平与智能化科学决策水平。

《国家中长期科学与技术发展规划纲要（2006—2020年）》中，把“智能处理及传感网络确定为重点领域、优先主题”。2013年以来，农业部启动了农业物联网区域示范工程，选择有一定工作基础的天津、上海、安徽三省市率先开展试点试验工作，对于提升农业物联网的理论及其应用水平，探究物联网农业领域的发展模式，推动农业生产方式转化，促进农民增收，具有十分重要的意义。同时《“十三五”全国农业农村信息化发展规划》将加快物联网、智能装备、空间信息、大数据等现代化的信息技术与渔业、畜牧业、农产品加工业、种植业生产过程的全面应用和深度融合，组建农业信息技术装配标准化体系，提升农业生产经营智能化、现代化及精准化水平作为“十三五”时期的主要任务之一。

因此，在未来一段时期内物联网等信息技术必将在改变农业生产方式，提升传统农业生产效率，引领我国农业发展的未来方向，实现信息化与智能化，达到可持续发展的现代化农业目标过程中，发挥极其重要的作用。开展农业物联网应用体系结构及关键技术研究将具有十分重要的意义。

（1）有利于加强我国农业物联网应用基础理论。农业物联网标准是规范农业物联网有关设备生产的前提，是农业物联网关键技术集成和实施的牵头与基础，是农业物联网技术建设与应用有序健康发展的基本保障，是实现农业服务与感知数据共享的基础，是规范农业物联网信息应用系统建设的根本依据。在以往几次科技信息产业浪潮中，我国受困于自主标准系统缺失，丧失了行业、产业发展的主动权（牛磊，2012），因此，开展农业物联网应用体系结构及其关键技术的研究，对于我国农业物联网行业的应用技术标准，特别是传感器以及标识设备的性能、功能及接口标准，农业多源数据融合处理标准、田间数据传输协议标准，农业数据共享标准，农业物联网应用系统建设规范等具有十分重要的意义。

（2）有利于推进信息技术与农业现代化的深度融合。当前我国按照“高产、优质、高效、生态、安全”的要求，加快转变农业发展方式，推进农业科技进步和创新，努力提高土地产出率、资源利用率和劳动生产率，培育现代农业发展新动力，这些必将以互联网、传感网、智能信息处理和信息传感设备为核心的物联网技术在农业领域的广泛应用为基础。对农业物联网应用体系结构及关键技术的研究将进一步促进农业信息技术与畜牧业、农产品加工业、渔业、种植业生产过程的全面应用和深度融合。

（3）有利于推进我国由传统农业生产方式向现代农业的转变。当前，我国农业生产仍然存在过度依赖自然资源和更多依赖人力投入的问题，随着人口老龄化的到来，谁来种田、如何种田成为摆在人们面前的一道难题，解决这些问题就更需要借助科技的力量，利用变量作业智能化控制装备、传感技术、3S技术及智能决策技术，对农业生产经营过程进行变量投入、量化分析、定位操作及智能决策，来实现精准农业的具体化目标。目前精准农业实施的最大障碍，仍然集中在农田信息高效、低成本获取传感技术以及基于信息和计算处理的智能化管理决策模型方法上。随着物联网的应用与发展，按照约定的协议，通过全球定位系统等信息传感设备，将任何物体接入到互联网，实现信息交互通信，达到智能化的定位与识别、跟踪与监控，将传感节点布设到田间等目标地区，通过网络节点精准地采集环境信息、农机作业信息及其作物信息，提高精准农业的作业实施水平与科学决策水平，能够真正实现给农业插上科技的翅膀。

（4）有利于加强我国农产品市场监测预警能力和信息服务水平。近年来，我国农产品市场波动频繁，部分农业产品的价格暴涨暴跌时有发生，给农民生产、居民生活造成了严重困扰，亟需加强对农产品市场的实时监测，及时、准确地掌握农产品市场异常变化情况，稳定农产品市场。农业物联网市场信息感知与处理技术的高速发展，提高了农资物流信息感知水平以及农产品市场信息采集的水平，为我国开展农业产品市场监测与预警研究，提升农资产业市场监管力度与信息服务水平奠定了基础（许世卫，2013）。

1.2 国内外研究现状

1.2.1 国外农业物联网发展现状

1.2.1.1 国家政策环境方面

20世纪90年代，首次出现物联网（Internet of Things，IoT）概念，此后经历了不断地演化与发展。目前，国外物联网发展方面，主要以美国、欧洲、日本、韩国等少数国家为代表。

1995年，比尔·盖茨的《未来之路》中最早提到物联网一词。1999年，美国麻省理工学院（MIT）的Kevin Ashton与他的同事们首先提出了Internet of Things的概念。他们主张通过信息传感设备将所有物体与互联网连接，实现全球范围内产品信息的管理与识别，形成了Internet of Things。2005年，ITU（国际电信联盟）扩展了物联网概念，提出了物联网发展愿景，即无论何时、何地、何物都能以无所不在的网络互联。2008 年年末，IBM 提出了“智慧地球”的概念，“在铁路、公路等各种物体中嵌入感应器装备，构成物联网，再利用云计算、超级计算机整合物联网，最终实现系统与人类社会整合”。随后奥巴马又将这个新概念提升到国家经济复苏战略，物联网和新能源振兴了经济，引起全球广泛关注。作为物联网技术的先行者与主导国，美国早期就对物联网及相关技术进行研究和应用。美国国防部 2005 年将“智能微尘”（SMART DUST）列为重点研发项目，美国马萨诸塞州剑桥城 2007 年打造了第一个无线传感网。

欧盟为科学规划未来发展路线制定了“欧洲行动计划”。2006 年欧盟成立了 RFID 技术研究工作组，2009 年欧盟 RFID 技术研究工作组在《物联网研究路线图》报告中提出，物联网是具有自配置能力的动态的全球网络基础架构，并且该架构是基于标准和可互操作的通信协议的，是未来 Internet 的一个重要组成部分，还明确了物联网重点研究领域与未来发展方向的路线图。随后，欧盟委员会投资 4 亿欧元到几十个研发项目，以提升网络智能化水平；另外，又投资 3 亿欧元专门支持与物联网相关的短期项目建设。在 2011 年汉诺威工业博览会上，德国提出工业 4.0（Industrie 4.0），2012 年由德国政府出面，联合主要企业，成立“工业 4.0 工作组”，将工业 4.0 上升为德国 2020 战略项目，德国政府投资 2 亿欧元支持工业 4.0。2015 年投入 5 000 万欧元，成立了 AIOTI（物联网创新联盟），形成了新的架构体系，包括 4 个横向工作组和 7 个垂直行业工作组。

20 世纪 90 年代中期，日本制定了多项信息技术与发展战略。2004 年大力发展泛在网产业，推出“u-Japan”计划，2009 年 8 月又将该计划升级到“i-Japan”战略。该战略提出建设一个方便快捷、价格低廉的网络社会，把网络运用到各个方面，促进信息的交流，解决日本当前面临的一系列社会问题。日本在 T-Engine 下建立 UID 体系已经在其国内得到较好的应用，并大力推向其他国家，尤其是向亚洲国家推广，并希望成为其他国家信息产业发展的楷模，确保其处于国际竞争领先地位。

1997 年以来，韩国出台了 RFID 先导计划等一系列产业政策，从而推动国家信息化建设。2006 年，韩国又提出了为期 10 年的 U-Korea 战略，要建立一个技术最先进、网络最智能、基础设施最领先的便捷技术形态。2009 年，通过了《物联网基础设施构建的基本规划》，使物联网市场成为新的增长点。到 2012 年，实现“构建最先进的物联网基础设施，打造一流的通信信息技术（ICT）强国”目标。自 2015 年起，韩国投资 370 亿韩元用于宽带传感设备研发和物联网核心技术的研究，这将促进信息技术与服务的发展，也将改变人们的日常生活。

1.2.1.2 具体研究方面

在农业信息感知技术方面，Hamrita T K 和 Hoffacker E C（2005）运用 RFID 技术对土壤湿度、温度等影响作物生长的关键参数进行实时监测，开发了土壤性质监测系统，对后续研究植物的生长状况提供依据。Ampatzidis Y G 和 Vouqioukas S G（2009）以及 Bowman K. D.（2010）将 RFID 技术应用于监测果树信息，从而分析果子的生长状况。荷兰的 Velos 智能化母猪群养管理系统通过采集母猪饲养与繁育过程的数据并进行信息处理和分析，实现了养殖过程的智能管理、自动给料和实时报警等功能，在欧美国家得到了广泛应用。González 等（2015）通过在牛身上安装运动颈圈和 GPS 传感器，观察和记录牛的觅食、反刍、走动、休息和其他活动的行为（包括与物体磨蹭、摇头），开发了一种能够执行无监督的行为分类方法，对于准确掌握动物个体行为，提升动物和生态环境管理水平及整个畜牧业具有重要意义。为了确保饮用水的安全供应，Vijayakumar N（2015）设计开发了低成本实时水质监控物联网系统，监测参数包括水温、pH 值、浊度、导电率、溶解氧等，并通过核心控制系统对监测数据进行处理，监测数据可以通过互联网进行查看。Lin 等（2015）提出了一种利用可再生的、低成本的土壤能量进行自给的无线环境监控系统，使用该项技术进行远程农田环境监控可以降低人工和传感器电池更换的成本。

在农业信息传输技术方面，由于农业生产不同于工业生产，其环境和条件比较复杂，无线传输技术在农业生产中得到了广泛应用，Srbinovska 等（2015）提出了针对蔬菜温室的无线传感器网络架构，通过分析温室环境特点，设计了基于无线传感器网络技术的低成本、实用的温室环境监控系统，结合专家系统指导，采取远程控制滴灌等适当的措施，实现了科学栽培和降低管理成本。Nagl 等（2003）利用空气温度传感器、呼吸传感器、GPS 传感器、环境温度传感器等多种类型的传感器，研究设计了一套远程健康监控系统，为家养牲畜提供健康监控。由 Bishop-Hurley 和 Swain 等（2007）建立了第一个基于无线传感器网络的虚拟栅栏系统，并开展了耕牛自动放牧研究测试。Taylor 和 Mayer（2004）利用安装在动物身上的无线传感器研发了一套完备的动物智能管理系统，实现了动物的位置和各种健康信息的远程监测。

在农业信息处理方面，国外科研机构研究的动植物生长模型、农业知识表达、决策支持模型、预测预警模型、海量数据挖掘及智能信息搜索等信息处理技术相对比较成熟，欧美发达国家建立了知识共享和无缝衔接的软件平台，研发了一批实用的应用软件，实现了农业生产问题的远程实时诊断和协同决策管理。

1.2.2 国内农业物联网发展现状

1.2.2.1 国家政策环境方面

1999年，中国科学院启动了传感网研究，投资数亿元，组建了几千人的团队，形成了完整的网络产业链。目前，我国的物联网技术研发水平已经排在世界前列，物联网产业化水平也处于国际竞争领先地位。

2009年，时任国务院总理温家宝访问了“中科院无锡高新微纳传感网工程技术研发中心”，并提出了“感知中国”概念，随后逐步形成了示范应用引领产业发展趋势，相继开展多领域的示范工程，物联网在很大程度上受到了社会关注。

2003年以来，我国开发出RFID实时生产监控与管理系统，运用到现代化动物养殖加工企业中。该系统能够实现自动、实时、准确的采集生产、检验、检疫等环节的相关数据，并能及时追溯问题产品的源头与流向，有效监控肉食品质量安全。

2004年以来，国家每年都推出涉及智能交通、现代物流、危险品与军用物资管理、票务及城市重大活动管理、旅游等行业的RFID应用新试点工程。科技部“863”计划专项也列入了RFID的相关研究与应用课题，包括超高频RFID空中接口安全机制及其应用。

卫生与药品安全领域，RFID技术在挂号系统、医保卡、电子病历与健康档案管理、卫生监督等方面进行了广泛应用，实现医院对病人、病源及药品的实时监控及动态可追溯管理。

在智能交通领域，通过在机车、列车和货车上安装电子标签等，RFID技术在铁路运输领域得到广泛应用。其次，在高速公路不停车收费、多路径识别、城市交通一卡通等方面RFID技术也得到了广泛应用，为出行带来极大便利，提高了工作效率。另外，RFID应用系统也广泛应用于中远公司在集装箱、堆场等物流管理领域。

2011年，国家发改委联合相关部委推进10个首批物联网示范工程。2011年12月，《物联网“十二五”规划》印发，指出增加发展物联网资金规模，鼓励外资、民资进入物联网领域，加大物联网的投资比重；到2015年，初步建设成一批覆盖面广的物联网公共服务平台，形成完善的物联网产业链。“十二五”规划期间，将实施物联网五大重点工程，其中重点领域应用示范工程涉及智能农业、智能工业、智能交通、智能物流、智能环保、智能电网、智能医疗、智能安防与智能家居等。

依据党的“十八大”精神和《国务院推进物联网健康发展指导意见》，农业部选择在上海、天津等开展农业物联网理论应用研究，启动物联网农业区域工程试验工作，探索物联网农业应用方向、发展模式及重点领域。2015 年国务院相继发布《中国制造 2025》和《国务院关于积极推进“互联网+”行动的指导意见》，这为我国物联网在农业方面的发展创造了良好的政策环境。

当前，传感网标准体系框架在我国已经初步形成，传感网标准化工作在我国也已经取得了积极进展。2009 年 9 月，信息技术标准化委员会组建了网络标准传感器工作组。我国农业部和标准化委员会于 2011 年底成立了“农业物联网行业应用标准工作组”和“农业应用研究项目组（HPG3）”（杨林，2014），由于成立时间不长，尚未形成专门的农业物联网技术标准。

1.2.2.2 具体研究方面

在农业信息感知技术方面，传感器被广泛用于目标监测区内的空气温度、空气湿度、CO_2浓度、光照强度、土壤温湿度及土壤 pH 值等农业环境信息的实时采集（卜天然等，2009；吕立新等，2009），为及时、精准调控农业生产耕作方案提供了有力的数据支撑，为有效提高农作物产量奠定基础。中国农业科学院、国家农业信息技术研究中心、中国农业大学等科研单位和大学针对我国不同的温室类型，设计研制了温室环境数据采集的解决方案，较好完成了温室环境因子的自动信息采集。在作物生理信息监测方面，出现了包括光谱、多光谱图像、冠层光照、冠层温度及作物遥感图像等多传感信息探测技术（张晓东等，2009）。在农产品质量安全追溯方面，运用射频识别技术、二维条码技术和组件技术等，分别建立了关于猪肉、柑橘的追溯系统（史海霞，2009；孙旭东等，2009；谢菊芳等，2006）。刁海亭等（2015）围绕蔬菜质量安全监管和溯源的实际需要，建立了基于 Web GIS 的蔬菜质量安全预警与追溯平台，形象展示了蔬菜生产、销售各环节信息，提升了蔬菜质量安全管理水平。

在农业信息传输技术方面，何龙、闻珍霞等（2010）以紫葡萄栽培基地为例，应用无线传感网络系统和智能化管理控制系统，实现了对设施农业中植物—环境—土壤等影响因子的实时动态监控，同时结合葡萄优质高产生长模型进行自动灌溉控制，收获了良好的效果。杨婷等（2010）设计了基于 CC2430 的自动控制滴灌系统，对环境温度、光照的变化和植物土壤湿度等参数实时监测，通过无线网络将传感器信号反馈对滴灌动作做出精确判断。王彦集等（2008）采用无线传感器网络节点建立了多跳、自组织的农田环境信息采集网络，并通过 GPRS 将实时数据发送到远程数据库，为农业领域中远距离、多要素数据的采集提供了解决方案。

在农业信息处理方面，我国高校和科研院所研究的作物模型、栽培模型、农业决策模型等信息处理共享度差、智能化程度低，缺乏有效的信息载体和集成应用技术，大部分还只是停留在试验和小范围应用阶段，尚未形成能大面积推广的产业化应用软件和可共享平台（李道亮，2012）。

1.3 存在问题分析

作为新的技术浪潮和战略新兴产业，农业物联网得到了我国各级政府的高度重视，面临前所未有的发展机遇，但同时也应看到我国农业物联网的发展正处于初级阶段，农业物联网技术、产品以及商业化运营模式都还不成熟，农业物联网的发展仍然处于探索和经验积累过程中，已开展的绝大多数农业物联网应用项目属于试验、示范性项目，农业物联网的发展还存在许多挑战性的问题。

1.3.1 体系架构不完善

人们一般将物联网分成感知层、传输层以及应用层三部分。感知层主要由具有识别、感知能力的设备构成，这些设备通过传感技术、RFID 等识别技术，实现对“物”的感知识别；传输层也可被称为网络层，主要用以传递感知层获取的信息，该层综合使用 GPRS、WiFi、蓝牙等通信技术，实现个域网、广域网等各类网络之间的无缝连接；应用层主要负责对物联网资源的处理，是物联网面向普通用户的接口层。当前研究主要集中在三层中的某个层面具体技术方面及对具体的物联网系统的建立方面，对整个物联网体系结构的研究和讨论相对较弱。随着技术进步和物联网概念的拓展，三层体系结构无法满足现实发展的需要，所以亟需建立一个分布式、开放的、资源服务可共享的全球体系架构（宁焕生等，2010），实现各种异构系统的互联互通和分布式资源的共建共享。

1.3.2 底层感知系统搭建门槛高

一方面，随着物联网技术在各个领域的应用和推广，出现了底层感知设备种类繁多，通信接口各异，通信协议互不兼容问题，使得用户构建上层物联网应用时不得不掌握大量软硬件知识来解决异构终端适配问题；另一方面，当前缺少一个能够灵活、方便地对底层的硬件设备进行简易配置和控制的通用的上层控制软件，这些都抬高了农业物联网底层感知系统搭建的门槛，增加了运营商系统维护的成本。因此，研究支持多种接入方式、统一数据采集接口、多协议转换的通用网关软硬件，对于实现底层异构感知设备和网络的统一接入具有重要意义。

1.3.3 物联网资源碎片化，共享性差

虽然各地都在积极推进农业物联网应用实施和产业发展，但是目前跨行

业、跨地区，有成熟的商业模式并且能够推广示范的农业物联网应用还非常少。物联网的终极目标是将物物相连、事事相关，构成无所不在的泛在业务，然而目前的物联网发展仍然以垂直行业为主，无论是从全行业水平角度还是从单个行业的垂直维度来看，其内容都是复杂的、松散的、个性的，这使整体的物联网资源呈现碎片化状态。正是由于各物联网设备和业务平台的碎片化、垂直化和异构化的特点（鹿海磊，2013），使得企业之间及企业新旧系统之间的数据共享和服务协同变得非常困难，阻碍了农业物联网创新应用的发展。如何将农业生产中产生的这些数据进行处理，为用户提供数据的查询、数据导航、数据下载、数据应用等共享服务，提升基本数据服务的复用性是当前农业物联网研究亟需解决的问题之一。

1.3.4 农业物联网关键技术尚不成熟

目前，我国的农业物联网产业还处于起步阶段，主要关键技术包括先进传感机理与工艺如生物传感技术、纳米传感技术、农业光学传感技术、高通量无线传感网技术、农业云计算与云服务技术等还不十分成熟。

以农业先进传感机理和工艺关键技术为例。作为农业物联网的“神经末梢”，农业信息感知是农业物联网的基础，也是整个农业物联网链条上最基础和需求总量最大的环节。然而由于农业环境的复杂性，特别是大田农业生产环境的严酷性以及农业生产以生物为主体等特征，我国在农业专用信息感知关键技术方面面临技术成熟度低、突破困难的局面。国产设备稳定性和精确性关键技术不成熟，目前我国农业信息感知装备还主要依赖进口。就感知技术而言，我国在 RFID 底层专利上并无主导权，全球 RFID 专利布局战已延续多年，美国占据主导地位，其专利申请总量超过了欧盟、日本、中国大陆等多个区域专利申请量的总和，占比高达 53%。国内农用传感器及相关芯片、无线传感网络、各类终端等关键技术的技术水平低、相关企业生产规模小、成本高，导致生产厂商稀少，企业盈利能力不稳定。

1.4 研究内容与创新点

1.4.1 研究内容

针对以上农业物联网发展存在的问题，本书旨在研究如何精确地定义系统的各组成部分及其之间的关系，引导系统开发人员遵循这些原则来实现系统，使得最终建立的农业物联网应用平台具有开放的、松耦合、分布式和可扩展的业务环境。在该业务环境中智能感知装备所提供的服务能够方便地与其他互联网资源进行整合生成新的服务，降低农业物联网应用构建的门槛。此架构能够支撑跨网络、跨应用、跨系统之间的信息互通、协同和共享，并进一步促进农业物联网创新创业的发展。结合以上研究目标，主要开展了以下几个方面的研究。

（1）农业物联网应用体系结构研究。针对传统的物联网三层结构无法满足农业物联网对可伸缩性、可扩展性、模块化和互操作性的发展需求，给出了农业物联网体系结构构建原则，进一步划分农业物联网的基本结构，确定通用框架和功能结构模型，建立基于分层及协议配套的农业物联网体系结构，通过各农业物联网应用领域的应用现状分析，验证体系结构的可行性。

（2）农业物联网异构网络环境监测统一接入研究。由于现阶段农业物联网尚处在起步阶段，市场上有着多种不同通信协议的农业物联网系统。不同厂家生产的设备种类繁多，通信接口各异，通信协议互不兼容，导致底层感知设备接入上层农业物联网应用系统困难重重。针对这些问题，研究支持多种接入方式、支持多标识、多协议转换的通用网关，实现底层异构感知设备和网络的统一接入。

（3）面向服务的农业物联网数据共享研究。当前农业物联网业务平台都是异构化、垂直化和碎片化的，使得企业之间的数据共享和服务协同变得非常困难，形成了诸多“信息孤岛”。如何对农业生产中产生的这些数据进行处理，为用户提供数据的查询、数据导航、数据下载、数据应用等共享服务，提升基本数据服务的复用性，降低农业物联网上层应用的构建门槛，是农业物联网数据共享设计的根本目标，也是研发农业物联网数据共享服务系统的根本目的。

（4）无线传感器网络分簇路由算法研究。无线传感器网络作为农业物联网感知数据的关键技术，具有传统监测网络无法比拟的优势，然而由于感知节点能量有限，某些靠近基站的节点由于传输任务重就容易导致节点失效，从而导致它所负责区域的无线监控的失效。如何在节点初始能量一定的情况下，均衡网络流量，节省能量消耗，尽可能地延长网络的存活时间，保证无线监测系统长期有效工作，是无线传感器网络路由协议设计的主要目标，同时也是研究无线传感器网络应用于农业环境监控的核心重点问题之一。

1.4.2 创新点

（1）提出农业物联网层次结构与协议体系配套的农业物联网应用体系结构。当前的农业物联网应用系统多是面向行业的垂直化结构，依据传统的三层结构建立的农业物联网系统存在可扩展性、互操作性不足的问题，本书分析了农业物联网体系结构构建原则，进一步划分农业物联网的基本结构，确定通用框架和功能结构模型，建立基于分层及协议配套的农业物联网体系结构，解决了企业之间的数据分享和服务协同问题。

（2）对农业物联网体系结构涉及的关键技术进行了详细研究，设计实现了异构网络统一接入网关，有效屏蔽底层异构感知网络的复杂性，并提供统一的抽象管理接口，为农业物联网业务应用的快速建立提供基础；针对各农业物联网系统存在的“信息孤岛”问题，提出基于服务的农业物联网数据共享方案，将农业生产、流通、加工各环节数据信息抽象为不同粒度的服务，提高了服务的可重用性，用户只需要结合农业生产各环节的具体业务流程，调用已发布的相关服务，实现复杂服务的动态编排与重组，降低了农业物联网上层应用的构建门槛。

（3）提出了基于事件驱动的能量高效分簇路由算法。针对无线传感器网络监测农业生产环境过程中网络内各节点能量消耗不均匀，导致网络中部分节点失效过快问题，提出了一种基于事件驱动的农业生产环境监控无线路由算法。该算法通过减少簇内控制信息的发送数量，按照转发代价函数从候选节点中选择下一跳转发节点来缩短数据传输距离，减少能量消耗，从而提高整个网络的生存周期。试验结果表明，EDEEC 算法更好地解决了网络能量消耗不均衡问题，延长了网络的生命周期。

1.5 研究方法与技术路线图

1.5.1 研究方法

本研究涉及信息科学硬件、软件、农业信息学方法论、系统论等相关知识，并将这些理论融会贯通。本书各章节的研究主要采用的研究方法如下。

（1）系统论方法。在系统论方法指导下进行各项研究，农业物联网体系结构本身就涉及系统论相关知识，既要从整体上把握农业物联网应用体系结构，又要从体系结构所包含的要素、应用的环境及用户的实际需求等各方面出发，精确地定义系统的各组成部分及其之间的关系，使得最终建立的系统符合预期的需求。

（2）文献分析法。通过查阅大量与本书主题相关的文献，对文献中的重要观点进行分析和判断，查找可行性与存在的不足之处，得到初步结论，为后续深入研究奠定基础。

（3）模型研究法。这是一种抽象的思维研究方法，本研究借鉴了互联网层次结构模型及现有物联网框架模型、大规模数据共享体系结构模型等，分析各模型的优缺点，结合农业各行业对物联网的现实需求，提出农业物联网应用体系结构和面向服务的农业物联网数据共享设计方案。

（4）专家咨询法。根据研究主题所涉及的领域，选定农业信息技术领域和农业行业领域的专家，通过邮件、电话、面对面交流等方式咨询、请教，不断改进研究思路和研究方法。

（5）循序渐进法。事物的变化发展是前进性和曲折性的统一，总趋势是前进的，道路是曲折的，在曲折中前进。具体到研究过程，无论是农业物联网体系结构的提出，还是无线传感器网络路由算法的设计，都是经历肯定到否定、否定之否定的循环往复的前进过程。

1.5.2 研究技术路线图

研究技术路线图如图 1-1 所示。

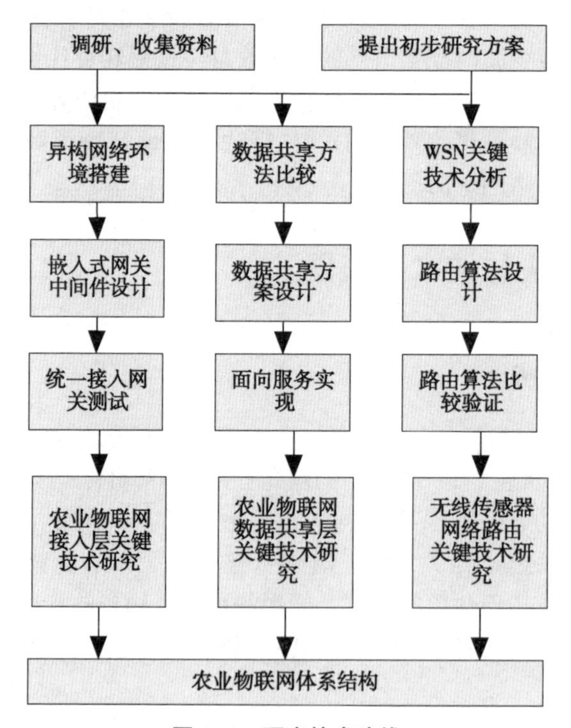

图 1-1 研究技术路线

Fig. 1-1 Design of Research Scheme

2 农业物联网应用体系结构

从工业 4.0 概念的提出到中国的“互联网+”行动计划，都将未来产业发展指向新的方向。农业物联网的应用打破了传统的行业界限，转变了经营理念，开创了新的管理与技术模式，以信息化带来跨行业的深度融合；其通过对农业生产的全面感知，利用智能决策分析与预警系统，实现了种植精准化、决策智能化和管理可视化，是“互联网+”农业的一个重要发展方向。随着物联网技术的发展并在农业各行业中的广泛应用，各种农业物联网系统层出不穷，由于缺乏对整个农业物联网系统层次结构的分析，导致当前各农业物联网应用呈现出碎片化、垂直化、异构化等特点，使得所建立的系统从底层的物理感知设备到上层应用平台的发展都受到设备的异构性、设备与平台间的互联互通性、通信协议与应用平台的异构性以及应用开发成本较高等因素的制约。如何从农业物联网各种应用需求中统一抽取出系统的组成部件以及它们之间的组织关系，建立农业物联网体系结构，实现农业物联网设计与实现方法的统一是当前亟需解决的问题。本章从农业物联网的概念、体系结构研究现状、应用领域等方面进行了深入分析，抽象出农业物联网的应用类型和应用场景，探讨建立农业物联网体系结构，为农业信息化从业人员设计和实现农业物联网系统提供理论和技术指导。

2.1 农业物联网概念及特征

物联网的概念最早从 1999 年由美国麻省理工学院（MIT）自动识别中心提出的网络无线射频识别（RFID）系统演变而来，其目的是利用 RFID 等信息感知技术，把所有物体连接到互联网上，实现智能化识别与现代化管理。农业物联网的早期研究主要以农产品仓储和物流监控为主要应用方向，通过射频识别技术实现仓储物流系统的智能化管理。随着新的信息技术的应用与发展，人们对物联网的认识不断深化，物联网的内涵及外延发生了较大变化。2005 年，国际电信联盟（ITU），详细介绍了物联网的特征、相关的技术，并提出了物联网的具体定义，进一步介绍了物联网面临的挑战和未来的市场机遇。

农业物联网，广泛应用于农业生产、服务等各个领域，对改造传统农业、加快农业现代化发展具有重要意义（葛文杰等，2014）。目前，不同领域的研究者对农业物联网从不同侧重点出发提出了农业物联网的定义。余欣荣（2013）从狭义和广义两方面给出了农业物联网的定义，李瑾等（2015）从技术角度和管理角度分别给出了定义，认为农业物联网是指通过农业信息感知设备，采集农业系统中动植物生命体、环境要素、生产工具等物理部件和各种虚拟“物件”的相关信息，按照约定的协议，通过信息交换，实现智能化识别、跟踪和监控农业生产对象及过程的一种网络。李道亮（2012）、秦怀斌等（2014）从农业物联网感知、传输、处理的层次结构方面给出了详细的定义，认为农业物联网是指综合运用各类传感器、RFID、视觉采集终端等感知和识别设备，针对水产养殖、大田种植等行业的实时信息，利用无线传感器网等信息传输通道，可靠传输多角度农业信息；有效融合和处理获取到的海量农业信息，操作智能化系统终端，实现农业管理智能化与生产自动化，进而达到农业高效、优质、安全环保的目标。

尽管不同研究者视角各异，也没有一个公认的、统一的农业物联网的定义。农业物联网的内涵与外延也在不断发展完善，但从农业全生育期、全产业链、全关联因素方面考虑，运用系统论的观点对农业“全要素、全过程、全系统”的全面感知、可靠传输、智能处理和自动反馈控制是农业物联网具备的基本特征。

2.2 农业物联网体系结构研究现状

2.2.1 研究现状

目前无论国外还是国内，农业物联网的研究与应用都还处于初级阶段，各应用领域的专家学者对物联网研究的出发点各不相同，关于农业物联网的概念特征、系统模型、体系结构和关键技术都还缺乏清晰化的界定（孙其博等，2010）。为此，国内外的学者和研究机构对物联网体系结构开展了深入地研究和探索，提出了许多不同样式的体系结构。

2.2.1.1 EPCglobal 标准体系框架

20 世纪 70 年代开始以条码为核心的全球统一标识系统（GS1 系统）在全球得到广泛的应用，但条形码也存在信息容量有限，无法做到远距离识读等问题。为解决条形码存在的问题，1999 年美国统一代码委员会（UCC）联合美国的 Auto-ID Center 将 RFID 技术与 Internet 结合，提出了产品电子代码（E-lectronic Product Code，EPC）概念。EPC 的最终目标是为物理世界的每一单品建立全球唯一的标识，一个 EPC 编码分配给一个且仅一个物品使用。EPC 系统由全球产品电子代码（EPC）体系、射频识别系统（包括标签和读写器）及信息网络系统［包括 Savant 中间件、EPC 信息服务（EPC Information Service，EPCIS）、对象名解析服务（Object Naming Service，ONS）和实体标记语言（Physical Markup Language，PML）］三部分组成。非营利性组织 EPCglobal 则是 2003 年由国际物品编码协会（EAN）和美国统一代码协会（UCC）共同成立的，其主要负责在全球范围内对各个行业建立和维护 EPCglobal 网络，保证供应链各环节采用全球统一标准的信息实时自动识别。随后，美国麻省理工学院、英国剑桥大学、中国复旦大学等 7 所高校相继加入并参与 EPC 的研发工作，制定了 EPCglobal 标准体系框架（Sanjay et al，2000），如图 2-1 所示。

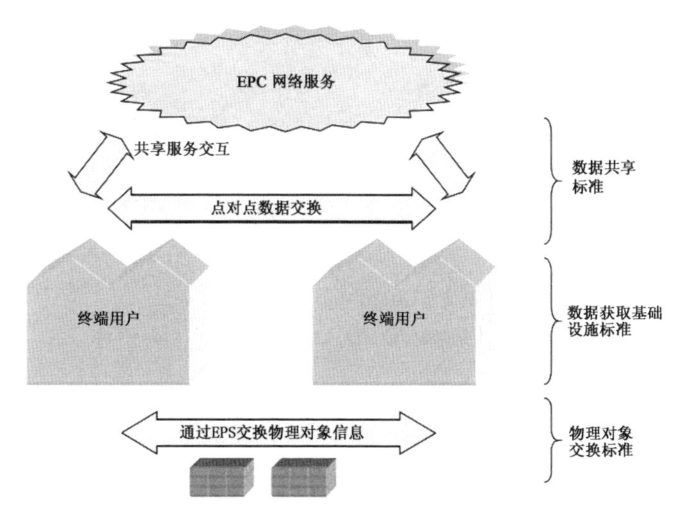

图 2-1　EPCglobal 标准框架

Fig. 2-1　EPCglobal Architecture Framework

从图 2-1 中可以看出，EPCglobal 标准框架（Traub et al，2015）包括 EPC 数据共享标准、EPC 数据获取基础设施标准和 EPC 物理对象交换标准三个层次，其中物理对象交换标准用来保证物体从一个终端用户流向另一个终端用户时，后者能查找到该物体的 EPC 编码并能正确地解译出来。数据共享标准提供了一种在特定用户组之间或一般公众之间接入 EPC 网络服务进行数据共享的机制。为了使 EPC 数据得到共享，每个用户在其权限内为新物体生成 EPC 编码，同时将此条信息存入本地的记录系统，EPCglobal 为收集和记录 EPC 数据的基础设施定义了接口标准，从而允许终端用户使用具有互操作性的设备建立自己内部的 RFID 应用。

2.2.1.2 Ubiquitous ID 标准体系

为了制定具有自主知识产权的 RFID 标准，日本泛在识别中心（Ubiquitous ID Center）制定了 Ubiquitous ID 标准体系（Koshizuka et al，2010）。该系统由泛在识别码（ucode）、信息系统服务器、泛在通信和 ucode 解析服务器等组成，图 2-2 展示了基于 Ubiquitous ID 体系结构的信息获取机制。

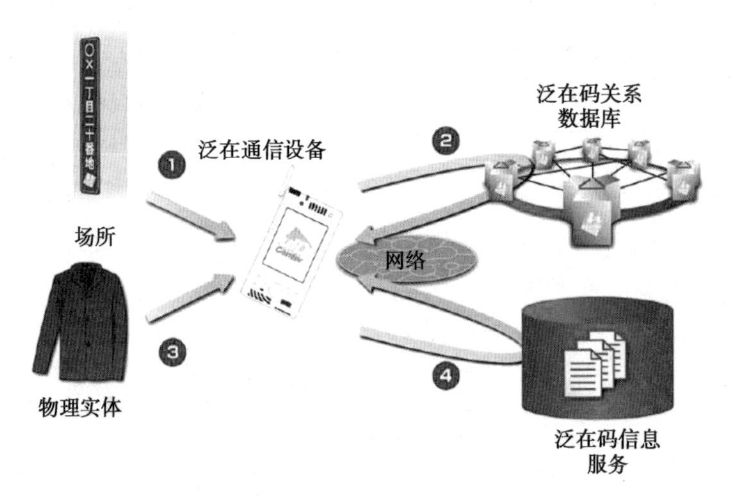

图 2-2 Ubiquitous ID 体系结构

Fig. 2-2 Ubiquitous ID Architecture Framework

Ubiquitous Communicator（UC）读取赋予实体的 ucode，通过 ucode 信息服务器获取真实世界的环境信息，也可以通过访问 ucode 关系数据库，获取与该 ucode 相关的其他实体的信息，这个过程称为 ucode 解析过程，UC 也可以将与读取到的实体 ucode 相关的其他实体信息注册到 ucode 关系数据库，这个过程称为 ucode 注册。

与 EPCglobal 相比，Ubiquitous ID 标准体系不仅感知物体信息，还包括物体周围的环境信息，因此具有更好的环境感知性。另外，泛在 ID 中心还设想了离线检索商品详细信息的功能，即使用具备便携信息终端（PDA）的高性能读卡器，预先将商品详细信息存储到读卡器中，即便不接入网络，也能够了解与读卡器中 IC 标签代码相关的商品详细信息。

2.2.1.3 M2M 标准体系

M2M 是 machine-to-machine 的简称，即“机器对机器”的缩写，泛指没有或仅有少量人工介入的通信。M2M 不仅可以进行机器和机器之间的简单的数据传输，而且实现了机器和机器之间的交互式、智能化的通信。机器会根据既定程序主动进行通信，并根据所得到的结果智能化地做出选择，对相关设备发出正确的指令。所以，交互式、智能化通信给机器赋予了更多的“思想”和“智慧”。2009 年欧洲电信标准化协会（European Telecommunications Standards Institute，ETSI）成立了 M2M 技术委员会（ETSI TC M2M），通过与其他标准化组织的沟通与合作，提出了一个端到端的 M2M 全面架构体系（Etsi，2011），如图 2-3 所示。

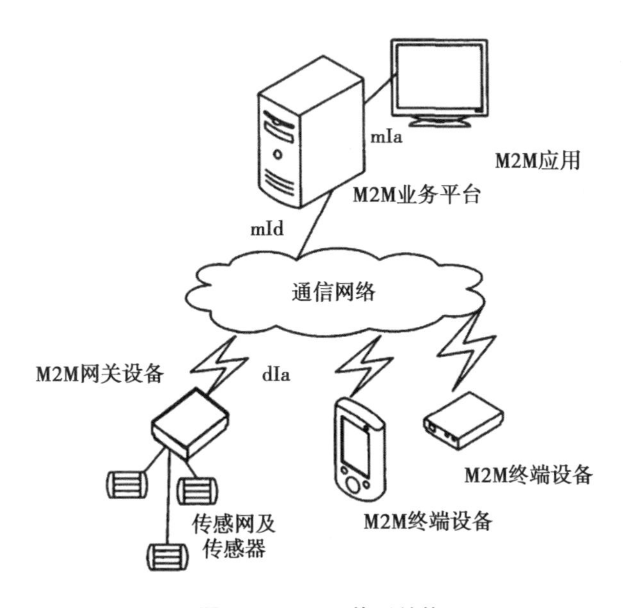

图 2-3　M2M 体系结构

Fig. 2-3　M2M Architecture Framework

从图 2-3 中看出，M2M 体系架构包含 M2M 设备层、M2M 网络层和 M2M 应用领域三层，M2M 网络层也称为 M2M 核心层，并给出了各层之间的调用接口，mIa 定义了核心层向应用领域层提供的接口服务，dIa 接口定义了应用程序层与 M2M 设备或网关之间的调用关系，一般来说除非有特别说明 dIa 接口服务能力与 mIa 接口一致，mId 规定了核心层与设备层及网关之间的接口。ETSI M2M 专业委员会一致认为，应该遵循 RESTful 软件架构，实现各层间接口的建模。

随着物联网技术研发及市场推广的不断深入，亟需国际物联网标准化活动的协调统一。在此背景下，2012 年 ETSI 联合美国和中日韩各通信标准化组织发起成立了物联网领域国际标准化组织“oneM2M”。该组织参照 3GPPs 的模式邀请垂直行业加入，共同开展物联网业务层国际标准的制定。目前其成员单位包括了行业制造商和供应商、用户设备制造商、零部件供应商以及电信业务提供商等各个行业的思想领袖。“oneM2M”组织伙伴有 ARIB（日本）、ATIS（美国）、CCSA（中国）、ETSI（欧洲）、TIA（美国）、TTA（韩国）以及 TTC（日本）。其他对 oneM2M 工作做出贡献的相关伙伴组织还有宽带论坛（BBF）、Continua 健康联盟、家庭网关组织（HGI）以及开放移动联盟（OMA）。

oneM2M 标准制定的目标着重在应用层和服务功能层上，网路层与感测层并不在 oneM2M 的讨论范围内。oneM2M 则将负责解决独立于接取网路中通用的 M2M 服务层的关键需求，使其可更方便地嵌入于各种软硬体中，并透过遍布全球的 M2M 应用伺服器连接大量的 M2M 装置，实现万物联网的愿景。

2016 年 8 月，oneM2M 第一类伙伴（oneM2M Partners Type 1）发布了 oneM2M 功能架构文档 2. 10 版本（Arib，2016），图 2-4 说明 oneM2M 支援端点对端点 M2M 服务的分层模型，主要包含应用层（Application Layer）、通用服务层（Common Services Layer）和基础网络服务层（Network Services Layer），各层提供的功能不尽相同。

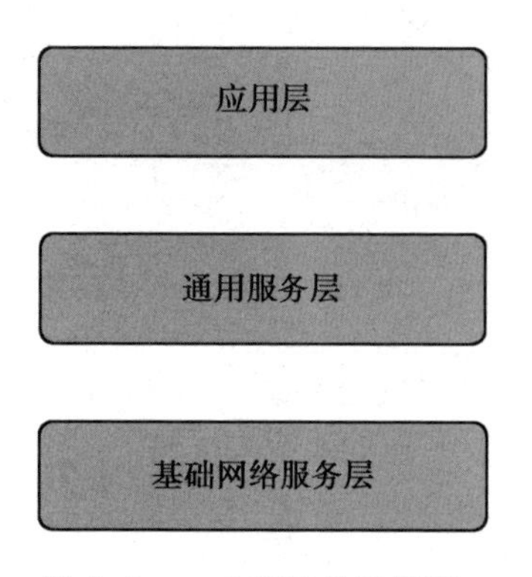

图 2-4　oneM2M 分层模型

Fig. 2-4　oneM2M Layer Model

图 2-5 为具体的功能框架图。AE（Application Entity）为实现了应用层服务逻辑的一个具体实体，如车队追踪应用、远端血糖监测与远端电表管理；CSE（Common Services Entity）代表了通用服务层的一个实例，CSE 提供的服务功能主要包括数据管理、设备管理和 M2M 服务签约管理等；NSE（Network Services Entity）为网络服务层的具体实例，利用底层网络为 CSE 服务，包括位置服务、设备激活等。各层实体间的服务功能透过参考点 Mca 与应用实体进行通信，也透过参考点 Mcc 来达到彼此的通用服务，并利用参考点 Mcn 来存取基础网络服务，还可以通过 Mcc 与基础设施领域的其他服务提供者进行交互，进而形成一个完整的物联网服务平台，为使用者提供更便捷的服务。

oneM2M 透过通用服务层以方便嵌入于各种软硬体中，这将加速 oneM2M 的规范推动，同时能降低其营运成本、简化应用开发时程、缩短产品上市时间，并避免标准化重叠。

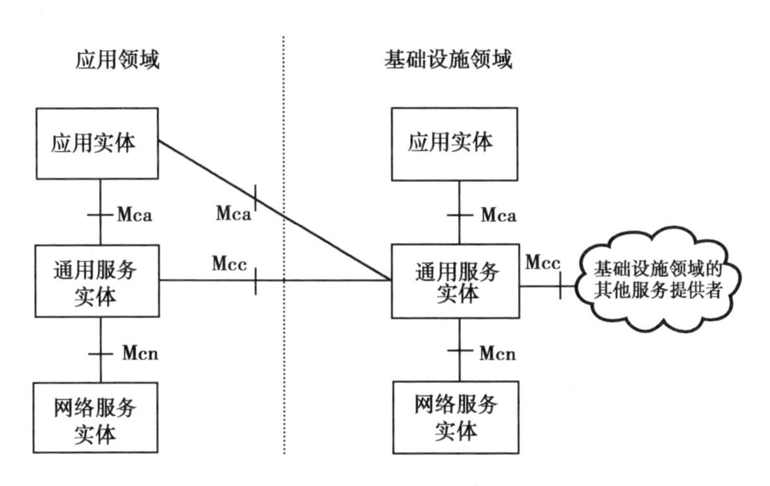

图 2-5 oneM2M 功能框架

Fig. 2-5 oneM2M Functionality Framework

2.2.1.4 USN 体系结构

泛在传感器网络（Ubiquitous Sensor Network，USN）最早由韩国电子与通信技术研究所（Electronics and Telecommunications Research institute，ETRI）（Y.2221 ITU-T，2010）提出。USN 在每个国家有不同的提法，2008 年 2 月 ITU-T 的研究报告 Ubiquitous Sensor Networks 中认为，USN 是一个动态的全球网络基础设施，它能够通过一定的标准和互操作通信协议进行自我组织，其中包含的物理的和虚拟的“物”都具有身份标识、虚拟特性、物理属性和智能接口，并与电信网络无缝融合。同时提出了泛在传感器网络体系架构，如图 2-6所示，自上而下分为应用平台层、中间件层、基础骨干网络层、接入网络层和底层传感器网络等 5 个层次。应用平台实现各类传感器网络应用的技术支撑；中间件对感知数据进行处理并存储，通过上下文建模以服务的形式提供对各类传感数据的访问；基础骨干网络基于后 IP 技术的下一代互联网（Next Generation Network，NGN）构建；接入网络由汇聚结点、网关等组成，起到底层传感器网络与上层基础骨干网络连接的作用；底层传感器网络由 RFID 读写器、标签、传感器、执行器等各种信息感知设备和控制设备组成，负责对物理世界的感知与反馈。

由于现有底层传感器网络相关产业标准林立，过于零散，造成了不同的

图 2-6　USN 体系结构

Fig. 2-6　USN Architecture Framework

USN 业务的商业过程和实现系统各不相同，同时为行业标准的整合与制定增加了很多困难。因此，很多国际标准化组织如 IEEE1415、IEEE 802.15、ZigBee Alliance、IETF 6LoWPAN、ITU-T SG13/16/17、JCA-NID、ETSI、3GPP 等已经意识到这个问题，正在加紧制定 USN 行业标准并开发统一的 USN 应用平台，屏蔽不同 USN 方案的差异性，以支撑上层不同的 USN 应用系统，满足个性化需求。

2.2.1.5　IoT-A 体系结构

欧盟第七框架计划（Framework Program 7，简称 FP7）专门设立了两个关于物联网体系结构的项目，一个是 IoT-A（Joachim et al，2011），主要制定物联网参考模型（IoT Reference Model）和物联网参考结构（IoT Reference Architecture），其目标是建立物联网体系结构参考模型和定义物联网关键组成模块，该参考模型是物联网机理的抽象集而不是某个具体应用的结构，从而为不同应用领域的研究人员开发兼容性更好的物联网结构提供了最佳范例。参考模型和参考架构之间的关系如图 2-7 所示。

物联网参考模型为物联网参考体系结构的描述提供指导，物联网参考体系结构为设计兼容的面向特定领域的体系结构提供实践指导。更好地理解业务场景、现存架构及各参与方的诉求，为物联网参考模型的建立达成共识，同时也为抽取面向应用的需求提供来源，进一步归纳整理，形成统一的需求，进而引

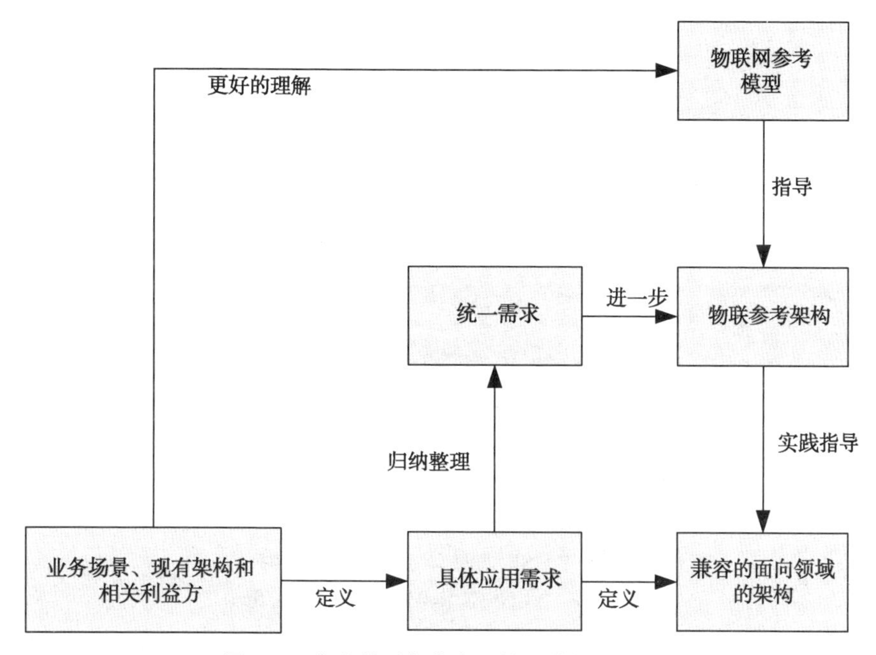

图 2-7　参考模型与参考架构间的相互关系

Fig. 2-7　Relationship between IoT Reference Model and IoT Reference Architecture

导物联网参考体系结构的建立。建模的过程就是专家们利用现有知识抽象出主要概念和各物联网应用领域之间的关系。

按照欧盟 IoT-A 项目提出的研究方法，对于物联网体系结构参考模型的研究不是一蹴而就的。随着我们对物联网技术的探索和应用开发的进展，不断促使我们更加深入地认识和理解物联网，从而使我们研究物联网体系结构的思路得到补充和完善，并在此基础上进一步补充和完善前期所提出的物联网参考模型和参考体系结构（沈苏彬，2012），如此循环往复，螺旋式上升。

2.2.1.6　SENSEI 体系结构

FP7 另一个物联网体系结构项目就是 SENSEI（Presser et al，2009），将互联网看作是连接物理世界与数字世界的无所不能包含的基础设施，其目标是整合无线射频识别技术（RFID）、无线传感与执行网络（WSANs）及网络嵌入式设备等技术，建立开放的基于业务驱动的真实世界互联网（Real World Internet，RWI）结构，通过统一的接口来提供服务和应用，它的参考模型如图 2-8 所示。

2.2.1.7　Physicalnet 体系结构

美国弗吉尼亚大学的 Vicaire 等人设计和实现了一个普适计算框架——

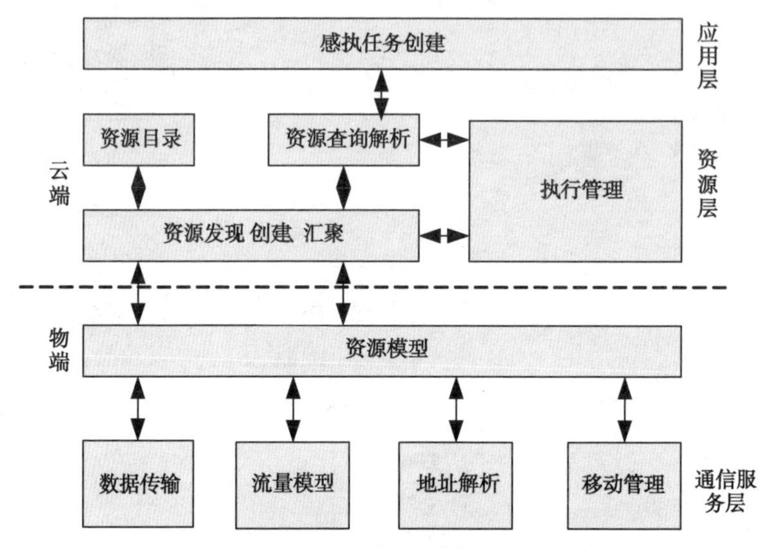

图 2-8　SENSEI 体系结构参考模型

Fig. 2-8　SENSEI Reference Architecture

Physicalnet（Vicaire PA et al，2010）。从本质上讲，Physicalnet 是一个通用的多用户、多种网络环境下实现全球分布式异构传感器和执行器资源管理和编程范式，使用四层轻量级的面向服务的体系结构，自底向上分别为服务提供层、网关层、协调层和应用层，每一层都可以是分布式的并且可以有多个实例。服务提供层包含服务提供者和定位节点（图 2-9），定位节点提供位置服务，服务提供者只能在协调层中的一个协调器上注册服务，并且通过网管接收配置信息并周期性地发送控制信息给协调器。网关层起到服务提供层和协调层之间连接和转换的作用，网关从服务提供层收集控制信息，并将其转发至对应的协调器，同时从协调器接收配置信息并转发至服务提供者。网关集成不同类型的网络接口，使异构的服务提供者之间可以进行通信。有些设备像 PDAs、PC 等可能同时具有服务提供层和网关层，如图 2-9 所示。

协调层包含多个协调器，协调器包含服务注册的入口，服务状态和应用需求的数据库，也是解决并发应用程序需求冲突的权威中心。有权限的上层应用程序可以通过协调器发现并使用相关服务，同时周期性地计算并发送它们的需求给协调器。协调器允许多个应用并发访问同一个服务，使用细粒度访问权限控制和解决机制来化解可能出现的冲突。

最上层为应用程序层，多个应用程序可以同时访问同一个协调器，同时单个应用程序可以访问多个协调器，从而可以访问不同领域的多个资源。

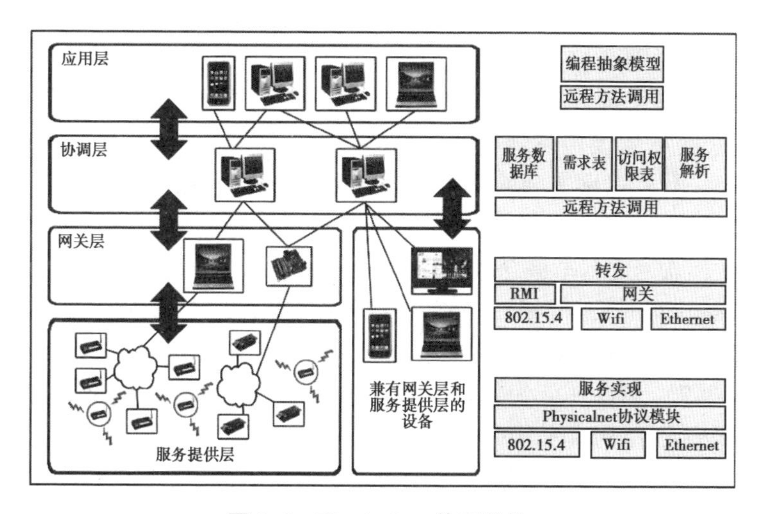

图 2-9　Physicalnet 体系结构

Fig. 2-9　Physicalnet Architecture Framework

Physicalnet 通过编程抽象模型 Bundle 来屏蔽底层细节，以便于编程实现，同时定义了各层之间的调用接口，服务提供层目前支持 TinyOS 节点和 java 节点，对于其他三层之间的通信可以采用远程方法调用（RMI），服务提供层和网关层支持 802. 15. 4、WiFi 和 Ethernet 网络接口。通过各层间接口的定义为设计和实现物联网系统提供了更好的参考意义。

此外，在 RFID 标准制定方面，考虑所有应用领域的共性要求，国际标准化组织（International Organization for Standardization，ISO）制定了 ISO/IEC 标准体系，保证了 RFID 技术的互操作性和互通，同时兼顾应用领域的特点，满足了应用领域的具体要求（张有光等，2006）。由北京航空航天大学等提出的基于类人体神经网（Manlike Neutral Network，MNN）和社会组织架构（Social Organization Framework，SOF）的体系结构（MNN&SOF）（Ning et al，2011）以及法国巴黎第六大学提出的自主体系结构（Autonomic Oriented Architecture，AOA）（Pujolle G，2006）都从不同角度对物联网体系结构进行了探讨和设计。Gubbi 等（2013）对物联网的体系架构要素及未来发展方向进行了分析总结，构建了基于云计算的物联网（Cloud-centric IoT）并分析了其面临的挑战和未来趋势。Guinard D 等（2010）描述了 Web of Things 体系架构，并设计了多个原型系统，利用 RESTful 软件架构风格展示了如何将环境感知节点和能源监控系统整合到万维网中。

Duquennoy 等（2009）、纪阳等（2012）分析了现有 Internet of Things 架构

的不足和需求，并结合现有的 Web of Things 概念模型，提出了一种以 Web 技术为依托的物联网 WoT（Web of Things）开放结构并探讨了其中的关键技术、开放模式。沈苏彬等（2009）通过对现有物联网技术文献和应用实例的分析，探讨了物联网与无线传感器网络、网络化物理系统（Cyber-Physical System, CPS）及下一代互联网之间的关系；对物联网的结点类型和服务类型进行了划分，指出各种结点之间的连接结构构成了物联网互连的体系结构。孙其博等（2010）从物联网的基本概念和特征出发，分析比较了物联网与泛在网络（u-biquitous networking）、传感器网络、机器对机器通信（M2M）及 CPS 之间的关系，归纳了物联网研究现状和涉及的关键技术，提出了物联网标准化发展建议。钱志鸿等（2012）认为物联网网络控制平台、物联网网络通信协议、物联网应用终端平台构成了物联网体系结构。于君等（2012）总结了物联网应用实践的案例，分析了物联网体系结构和相关技术，并指出电信运营商在物联网体系中的作用与价值。陈海明等（2013）将目前存在的物联网体系结构分为“前端分布式”和“后端集中式”两种类型，“前端分布式”体系结构包括 Physical-net、M2M、SENSEI、IoT-A 和 AOA 等，而“后端集中式”体系结构包括 Networked Auto-ID、uID、IoT 和 USN。他还从可扩展性、水平性、环境交互性、环境感知性、互操作性、自适应性和安全性等指标方面对这两类体系结构进行了分析比较，得出 USN 和 IoT-A 对未来物联网的设计与实现具有更好的参考价值。

随着技术和应用的发展，物联网的内涵和外延有了很大的拓展，物联网已经表现为信息技术（InformationTechnology, IT）和通信技术（Communication Technology, CT）的发展融合，是信息社会发展的趋势（中国电子技术标准化研究院等，2016）。

总结以上各物联网体系结构可以发现，M2M 和 CPS 等体系结构都是物联网的表现形式。从概念内涵角度，物联网包含了万事万物的信息感知和信息传送；CPS 更强调反馈与控制过程，突出对物的动态的、实时信息控制与信息服务；而 M2M 主要强调机器之间通信。另外，CPS 更偏重于研究，吸引了学术界的更多目光，是将来物联网应用的重要技术形态；M2M 偏重于实际应用，得到了工业界的重点关注，是现阶段物联网最普遍的应用形式（孙其博，2010）。各体系结构之间的关系如图 2-10 所示（中国电子技术标准化研究院等）。

当前，各个国家与机构制订的物联网发展和管理计划对科研人员从事物联网研究与应用开发起到了很好的引导作用（陈海明等，2013），但是都没有指出设计与实现物联网系统的具体方法，并且农业生产环境的多样性和生产流程

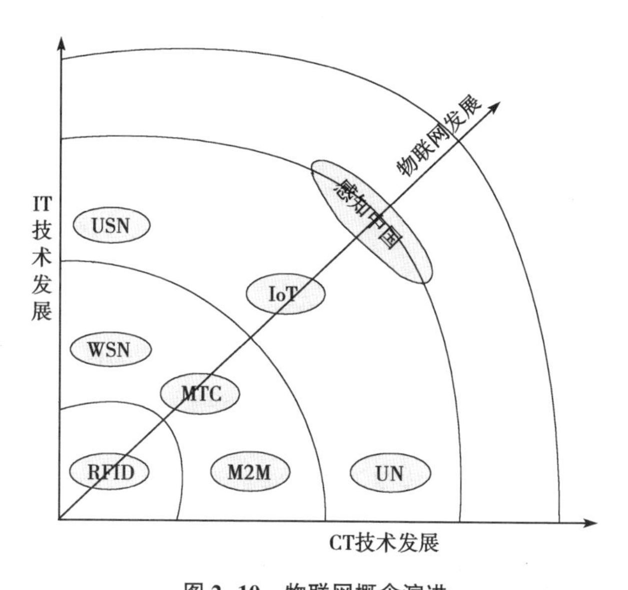

图 2-10　物联网概念演进
Fig. 2-10　Evolution of the IoT Conception

的复杂性决定了其必须针对不同的应用场景（大田、设施、畜禽、水产等），考虑不同的网络通信和控制方式，因而对不同应用的农业物联网系统的设计要求也不尽相同。

2.2.2　农业物联网体系结构构建原则

2.2.2.1　先进性原则

考虑到电子信息及软硬件技术的迅速发展，系统集成时在技术上要适当超前，采用当今国内、国际上最先进和成熟的农业信息获取技术、传输和处理技术及软硬件技术，以使组建的系统能够最大限度地适应业务发展变化与今后技术发展变革需要。

例如，充分利用农业先进传感技术、多源感知数据融合与分布式管理技术，建立支持农业感知信息增量更新的多维信息组织管理模型；利用数据管理及处理功能构件、分布式农业信息优化服务构件，实现农业信息组织和管理；开发可视化信息融合工具，实现多网、多源农业感知信息的融合服务；利用农业物联网云计算技术，实现资源的高度聚合与共享，支持服务的发现、聚合、协同。

2.2.2.2　实用性原则

所谓实用性，是指能最大程度地满足工作中的实际需求。对于农业物联网来说，它是对农户、农业合作社、农业龙头企业、消费者等用户最基本的承诺，也是任何的信息系统在组建过程中必须考虑的基本指标。例如，绿色农产品质量安全溯源、农情信息监测预警等都是为了实现高效、优质、安全、环保，增强农业综合效益，让消费者能够吃得放心。另外，针对不同用户，所有人机操作系统的设计都应当满足其实际需求；应充分考虑到视觉特征及人体结构特征，优化设计界面及用户接口，操作尽量简单、实用、便于农民学习使用。

2.2.2.3 可扩充、可维护性原则

针对农业物联网地域分布广、运行环境恶劣、运行维护成本高的特点，系统的总体结构设计成结构化和模块化，功能和性能上协调一致，具有良好的兼容性和可扩充性，既可以使不同厂商的传感器和系统集成到同一个平台，又可以使系统能在今后得以方便的扩充，并扩展其他厂商的系统。农业物联网上的各项服务之间可以完全不涉及底层通讯模型和编程接口，而使用非常简单的定义接口进行了通讯连接，让农民无须考虑复杂的物联网本身。例如，当有设备或传感器发生故障时，通过设备自动报警，平台向农民发送故障短信或运维人员电话指导等方式，实现系统的维护和故障的排除。

2.2.2.4 可靠性原则

安全和可靠是对系统的基本要求，也是农业物联网集成工程设计所追求的主要目标之一。由于农业生产环境复杂多变，特别是信息感知和传输环节，要充分考虑系统的可靠性。首先要选用稳定、可靠、集成度高的感知和传输设备，并将所有设备的设备电压、设备状态等信息同步上报到系统平台，若出现故障，能够及时、准确地自诊断、记录和给出解决方法，并向农户、维护人员发送短信，以便尽快排除。

2.2.2.5 经济性原则

农产品附加值相对较低，农民的收入和信息化产品的支付能力比较弱，在系统需求和可靠性、稳定性得以满足的前提下，应当尽可能选用便宜的设备，以便能节省投资，最好选用性价比更优的设备。

2.3 基于分层及协议配套的农业物联网体系结构

现行农业物联网主要集中于单体的应用，其特点是闭环于一个具体的应用，导致整个系统的可伸缩性、可扩展性、模块化和互操作性不能满足农业物联网日益发展的需求。怎样才能从各种应用需求中，抽取出系统的各个组成部分及它们之间组织关系，进而指导农业物联网体系结构的建立与实现是目前农业物联网研究领域亟待解决的问题之一。

关于农业物联网体系结构研究，应当遵循ITU建议的研究方法。首先，依据抽象出的农业物联网应用场景与应用类型，设计、验证农业的物联网体系结构（沈苏彬等，2009）；其次，提出农业物联网结构的总体需求与通用原则；最后，进一步划分农业物联网体系基本结构，并确定功能结构模型和通用框架（孙其博等，2010）。

2.3.1 5层农业物联网体系结构

根据现有物联网体系结构及农业产业的具体需求，结合工程实践经验，提出农业物联网层次结构模型。该模型由下至上划分为感知层、接入层、网络层、数据层及应用层5层，各层对应不同的通信协议。农业物联网层次结构模型与协议体系的配套构成了农业物联网体系结构，如图2-11所示。

感知层主要利用RFID、条形码、遥感技术及各类传感器终端在任何时间与任何地点对农业领域物体进行信息采集和获取，并通过GPRS、WiFi、ZigBee等通信协议将采集的实时数据发送至接入层。

接入层将对数据采集设备进行标准化描述和统一的资源访问管理，主要由硬件网关接口、接口驱动及嵌入式中间件等构成。硬件网关输入接口包括RS232、RS485、WiFi等，方便不同接口感知设备的接入，输出接口包括WiFi、RJ45、GPRS、LTE等方式，可让用户根据应用场景的实际条件选择输出方式。驱动层主要功能是为上层中间件程序提供外部设备的操作接口，并且实现设备的驱动程序。上层程序可以不管所操作设备的内部实现，只需要调用驱动的接口即可。中间件主要功能包括感知终端数据采集配置、通信协议转换、数据融合、数据封装等功能，可以有效屏蔽底层异构感知网络的复杂性，并提供统一的抽象管理接口，为农业物联网业务应用的快速建立提供基础。同时，中间件还可用于执行数据的压缩、融合等操作，从而节省网络层特别是使用电信网络时的数据传输量。

通过感知设备，网络层将涉农物体接入到传输的网络中，并借助无线或者有线的通信网络，随时随地进行可靠度较高的信息交换与共享。农业信息传输技术可分为移动互联技术与无线传感网络技术。

农业物联网数据共享层位于网络层和应用层之间，它是整个农业物联网系统的数据中心，是所有应用层程序获取数据或者提供数据访问服务的服务中心。该层采用基于服务的架构（Service Oriented Architecture，SOA），利用Web Service为通信接口，以XML作为数据交换的中间载体建立共享的数据与业务服务来降低上层农业物联网应用系统集成的难度，满足各系统对访问速度和数据共享的要求。具体来说，当上层农业物联网应用申请共享数据时，通过

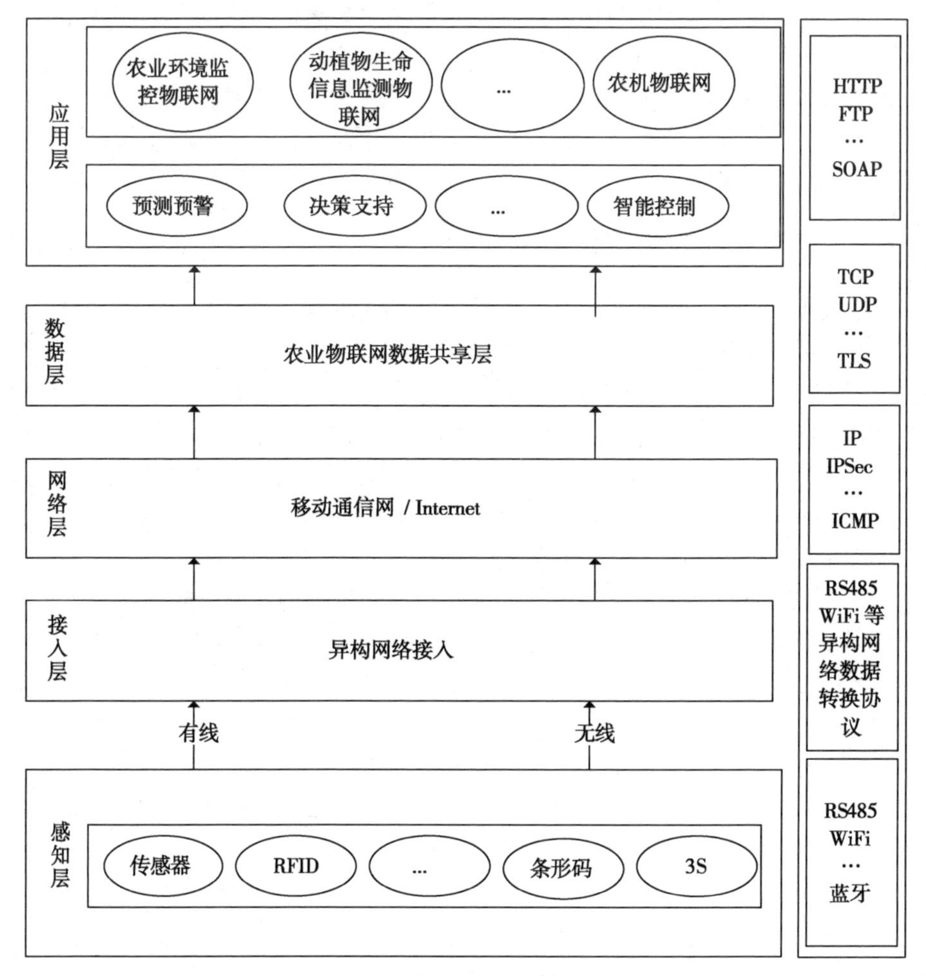

图 2-11　农业物联网体系结构

Fig. 2-11　Agricultural internet of things architecture

数据采集接收接口向数据交换与共享中心提出服务请求，由数据交换与共享中心进行服务查找，并向相应的服务提供者发出请求，获得服务提供者提供的响应，再将共享数据返回给提出申请的应用系统；当上层农业物联网应用系统需要发布数据时，首先通过交换数据的数据采集接收接口发布到数据交换与共享中心，而数据交换服务的需求方，通过订阅数据交换与共享的相应服务，将会收到服务提供者推送的发生变化的源数据。

从以上数据请求与发布过程可以看出，通过服务提供和服务请求的分离，可以对松散耦合的各种服务进行分布式部署、组合和使用，从而实现对各种粒度松耦合服务的集成，为各农业物联网应用系统间数据交换与共享提供有效的解决方案。在农业物联网数据共享系统实现过程中，应结合具体业务流程来设计服务粒度，从而实现服务之间的低耦合性和高可重用性。

应用层通过 HTTP、FTP 等协议从数据共享层获取数据并构建相应的农业物联网系统。此外，协议体系还包括贯穿模型各层的物联网安全协议、隐私保护协议等。本章提出的五层农业物联网体系结构相对于传统物联网 3 层模型主要增加了异构网络接入层和农业物联网数据共享层，后续章节将具体探讨此两层的功能设计。

2.3.2 5 层体系结构与其他体系结构的关系

在国内，参考 3GPP TS 22.368（b01）《机器类型通信业务需求》和 ETSI TS 102 690《机器到机器通信功能架构》等标准制定的通信行业标准 YD/T 2437—2012（以下简称 YD/T 2437）在 2013 年发布，其总体框架如图 2-12 所示。魏歌（2014）将 ITU、ISO/IEC 和 ETSI 等制定的参考架构与 YD/T 2437 的分层标准进行了分析比较，认为 ITU 等制定的物联网架构标准与 YD/T 2437 标准存在相对应的层次，即根据 ITU 等架构标准和 YD/T 2437 标准建立的物联网系统可以实现互联和融合。因此下面将以 YD/T 2437 的分层架构与本章提出的 5 层农业物联网体系结构进行比较分析。

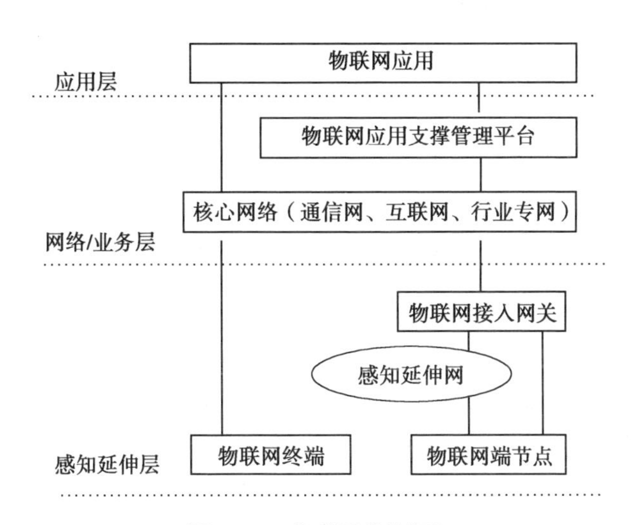

图 2-12 物联网总体框架
Fig. 2-12 IoT Overall Framework

YD/T 2437 标准中根据信息处理的 3 个环节，在逻辑上将物联网划分为感知延伸层、网络/业务层和应用层 3 层。感知延伸层包括物联网终端、物联网端节点、感知延伸网和物联网接入网关。物联网终端包括移动终端、RFID 读写器等设备可以直接与物联网网络/业务层的功能实体进行交互。物联网端节点如无线传感器节点，通常功能、处理能力等方面具有一定的局限性，通过接入网关与网络/业务层连接。感知延伸层如区域自组织网、家庭子网等，位于物联网端节点与物联网接入网关之间，通常使用各种近距离技术、自组织组网技术等实现多跳转发，完成信息的传递。物联网接入网关有多种类型，如家庭网关、企业网关等，是物联网端节点与网络/业务层间的桥梁。Vazquez 等（2010）将物联网中物体的连接模式分为直接连接、网关辅助连接和服务器辅助连接 3 种。直接连接和服务器辅助连接两种模式下对感知设备的计算和组网能力要求比较高，一方面，由于物联网中物的泛在性，通常物体的计算能力、通信能力和能量等相对有限，因此多数需要的连接模式是网关连接；另一方面，受农业生产环境中作物等监测对象的遮挡及高温、高湿、低温、冰冻等恶劣环境的影响，各感知设备的通信能力衰减严重，无法进行远距离数据传输，并且应用于农业生产环境监测的感知设备多种多样、接口各异、通信协议互不兼容，所以农业物联网应用中泛在设备的接入问题是农业物联网研究中一个关注的焦点，也是本文将农业物联网接入层单独分层进行研究的出发点。

YD/T 2437 中网络/业务层包括核心网络和物联网应用支撑管理平台，核心网络具有多种形态，既可以是移动网、互联网等公众网络，也可以是企业或政府的专用网络，用以支撑物联网信息的双向传递和控制，本文提出的 5 层中的网络层与之相对应，并且支持多种接入方式，如 IPv4、IPv6 互联网接入、2G/3G 移动接入等。物联网应用支撑管理平台向物联网上层应用提供一些共性的能力和支撑，该管理平台又可分为业务支撑平台和数据平台两部分，业务支撑平台用以减少和优化物联网应用的开发和部署，数据平台提供对物联网采集信息的统一处理、存储能力。本研究增加的农业物联网数据共享层可对应到 YD/T 2437 标准中网络/业务层中的数据平台部分，YD/T 2437 中对数据平台的功能更多的强调对采集数据的存储和处理，本研究 5 层体系架构中的农业物联网数据共享层针对农业物联网产生的大量感知数据和业务流程进行存储、处理和共享，为预测预警、决策支持等用户建立模型的输入参数提供数据来源，同时将数据模型、控制模型等 YD/T 2437 标准中网络/业务层中的业务支撑平台功能并入应用层，因为数据共享层的设计允许更多研究、开发人员参与到农业物联网业务应用创新中来，并且可以将所建立的新的应用以服务的形式在数据共享层发布，供更多感兴趣的人来调用。数据平台和应用支撑平台的分离及接入网关从感知延伸层的分离使得各层业务功能更加清晰，同时实现了各层服务器之间的网络负载均衡，降低企业网络的通信负担。此外，YD/T 2437 标准是对物联网通用分层模型、总体框架、主要部件及共性能力的规定，并未说明具体的实现方法，因此各行业在物联网应用构建时还需要结合行业实际，探索更加符合本行业应用的具体实现架构。在农业物联网体系结构方面，李道亮根据信息生成、传输、处理和应用的原则，把农业物联网分成感知层、传输层、处理层和应用层 4 层，其中感知层只包含对物理世界采集的物理事件和数据，传输层完成现有的广域网技术（如 SMDS 网络、3G/4G LTE 移动通信网、Internet 等）与感知层的传感网技术相融合，也即将农业物联网接入层的功能纳入了传输层需要解决的问题，处理层对应 YD/T 2437 标准中网络/业务层中的物联网应用支撑管理平台，本章的 5 层体系结构相当于对处理层进一步分层，分出专门的数据共享层，而将数据挖掘、知识本体、模式识别、预测、预警、决策等智能信息处理平台功能归入应用层，最终实现信息技术与行业的深度融合。

总体而言，5 层农业物联网体系结构是 3 层、4 层物联网体系结构的细化和完善，增加的农业物联网接入层针对泛在环境中多数物体的资源和计算能力受限问题，着重强调了异构感知网络与网络层的无缝连接，可以有效屏蔽底层异构感知网络的复杂性，并提供统一的抽象管理接口，为农业物联网硬件感知系统的快速搭建提供便利。增加的农业物联网数据共享层，主要针对当前农业物联网系统存在垂直化、封闭化导致不同系统之间农业数据资源无法共享，农业生产、经营、管理、服务历史数据无法得到充分利用，形成信息孤岛问题，通过面向服务的数据资源共享架构，实现数据的共享性和可重用性，同时数据资源利用者可以将所构建的模型或方法发布，为服务农业科研人员、农业物联网系统开发人员等数据和服务需求者提供更多便利，降低农业物联网上层应用构建的门槛。

2.4 农业物联网的应用领域

技术方案的不断成熟发展使农业物联网在设施园艺、大田种植、畜禽养殖、水产养殖、农产品溯源、农机监控等典型农业领域得到广泛应用。遵循农业物联网的层次模型，分析各行业应用的共性问题，按照监测对象的不同，可以进一步分为农业生产环境监控物联网、动植物生命信息监控物联网、农产品品质检测与质量安全追溯物联网、农机作业监控物联网等。

2.4.1 农业生产环境监控物联网

农业生产环境监控物联网主要指利用传感器技术采集和获取农业生产环境

各要素信息，如种植业中的光照、温湿度、二氧化碳浓度、土壤肥力、土壤含水量等参数，水产养殖业中的酸碱度、溶解氧、氨、氮、浊度和电导率，畜禽养殖业中的氨气、二氧化硫、粉尘等有害物质浓度等参数（陈晓栋等，2015），通过对采集信息的分析决策来指导农业生产环境的调控，实现种养殖业的高产高效。

农业生产环境复杂，需要在高温、高湿、低温、雨水等恶劣多变环境下连续不间断运行，且传感器节点布置稀疏不规则（何勇等，2013），布线不方便，而无线传感器网络组网简单、无需布线，具有低成本、灵活的优势成为当前农业生产环境监控系统主要应用方式。

典型的无线传感器网络环境监控系统包括 3 部分：上位机、终端节点、协调器，其典型结构如图 2-13 所示。其中终端节点也称为传感器网络节点，是无线传感器网络的基本组成单位，主要收集和处理本地信息的数据，同时发送出自身采集数据给相邻的节点，或者把相邻节点发送过来的数据进行存储、管理和融合，并转发给路由节点。无线传感器网络的节点，通常由处理器模块、传感器模块、电源模块以及无线通信模块 4 部分构成（章伟聪等，2011）。

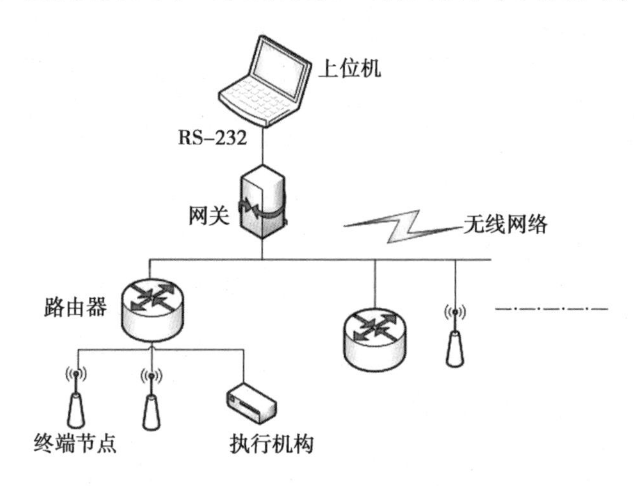

图 2-13　无线传感器网络监控系统

Fig. 2-13　WSN Monitoring System

目前国内研究无线传感器网络多以 2.4GHz 和 433MHz 频段为主，工作在 2.4GHz 频段的主要通信技术包括 ZigBee、WiFi、蓝牙、无线 USB 等。屈利华等（2012）分析了温室数据采集系统的发展现状，详细论述了 ZigBee 技术在温室数据及多媒体信息采集系统的具体应用。章伟聪等（2011）基于 CC2530 及 ZigBee 协议栈设计了无线网络传感器节点，陈华凌等（2012）设计了基于

ZigBee 无线传感器网络的水环境监测系统，降低了水环境的部署和维护成本，提高了水环境监测的实时性，而且实现了大范围水环境的监测。Qi 等（2011）研究利用 ZigBee 无线传感器网络收集数据传送至网关，网关通过 WiFi 将农业生产的信息传送至远端服务器。相比 2.4GHz 频段，433MHz 工作频率低，具有更强的绕射和穿透能力，传输时耗损小，在传输距离上明显优于 ZigBee。李小敏等（2013）针对兰花大棚环境中无线传感器网络节点部署的要求及其应用环境的特征，用 433MHz 载波频率，研究了无线信号与影响因素之间的关系及无线射频信号的传播特性，为今后无线节点布置与组网提供依据。张传帅等（2014）采用 433MHz 射频进行信息传输，无线传感器节点和汇聚节点分别采用 MSP430F149 和 LPC2478 作为微控制器，实现温室环境信息的实时采集、信息汇聚和数据融合。

2.4.2 动植物生命信息监控物联网

对植物信息采集的研究主要包括表观可视信息的获取和内在信息的获取。表观信息如作物苗情长势、病虫害、果实膨大状况、生物量、茎干直径、叶面积等信息，内在信息包括叶绿素含量、作物氮素、光合速率、种子活力、叶片温湿度等，主要监测手段为光谱技术及图像分析等；对动物生命信息的监测主要包括动物的体温、体重、行为、运动量、取食量、疾病信息等，通过相关监测，了解动物自身的生理状况和营养状况以及对外界环境条件的适应能力，确保动物个体健康生长，主要监测手段包括动物本体监测传感器、视频分析等。

何勇等（2013）从植物养分信息监测技术、植物生理生态信息动态监测技术、植物病害及农药等非生物胁迫信息检测技术、植物虫害信息检测技术等方面总结了光谱技术在农业信息感知中的应用及核磁共振成像技术在农业信息感知中的应用。倪军等（2013）根据作物生长指标的光谱监测机理，研制了一种四波长作物生长信息获取多光谱传感器，较好地实现作物冠层反射光谱的实时在线检测。夏于等（2013）应用卫星遥感数据获取大田种植作物“面状”苗情信息，研究了孕穗期冬小麦关键苗情参数与籽粒品质参数和产量间及其与卫星遥感变量间的定量关系，构建了冬小麦孕穗期关键苗情参数遥感反演模型，实现了农情信息的快速获取。Handcock 等（2009）利用地面传感器结合卫星遥感图像来研究动物行为及与环境的交互情况。Nagl 等（2003）利用脉搏血氧计、呼吸传感器、体温传感器、环境传感器及 GPS 模块构建了牛科动物移动观测系统，为防止疾病在畜群中传播提供了监测手段。熊本海等（2011）针对繁殖母猪及泌乳奶牛精细饲养所涉及的物联网关键技术，从智能标识技术、智能发情检测技术、智能设备装备与控制的饲喂技术等方面分析了国内外研究进展。刘双印等（2014）以南美对虾养殖为研究对象，融合养殖环境实时数据、对虾疾病图像数据和专家疾病诊治经验等多种信息，构建了基于物联网的南美对虾疾病远程智能诊断系统。

2.4.3 智能农机物联网

近年来随着土地不断流转，采用农机作业范围不断的扩大，问题逐渐凸显，主要表现为农机作业时效性差、信息技术滞后、缺乏有效监管，难以满足机收组织者、参与者对信息精准、详细、快捷的要求。如何通过技术手段有效地进行农机作业远程监控与调度，提高工作效率和作业质量，尤其是保障农机夜间作业质量和农机装备的智能化水平，是农机物联网发展的迫切需求之一。农机物联网主要研究方向包括农机作业导航自动驾驶技术、农机具远程监控与调度、农机作业质量监控等方面。

李洪等（2008）将精确算法应用于农机调度问题的求解过程中，以取得全局最优解，为农机作业提供一种切实有效的调度手段，设计并实现了一种基于 GPS、GPRS 和 GIS 技术的农机监控调度系统。在农机作业监控与联合收获机自动测产等方面，国家农业信息化工程技术研究中心研发了基于 GNSS、GIS 和 GPRS 等技术的农业作业机械远程监控指挥调度系统，极大地优化了农机资源的调配（陈晓栋等，2015）。胡静涛等（2015）分析了农业机械自动导航技术的研究现状及存在的问题，并对未来农机导航技术的发展做出了展望，指出采用卫星导航技术，开展农机地头自动转向控制、障碍物探测及主动避障、多机协同导航等高级导航技术研究，以及引入先进的物联网技术，是现代农机自动导航技术发展的主要趋势。Backman 等（2015）针对传统路径生成方法 Dubins 路径没有考虑最大转向速率问题，提出了曲率和速率连续的平滑路径生成算法，该算法平均计算时间为 0.36s，适合实时和模拟方式来使用。A English 等（2015）通过一对前置的立体相机获取图像的颜色、纹理和三维结构描述信息，利用支持向量机回归分析算法，估计作物行的位置，开发了基于机器视觉的农业机器人自动导航系统。2013 年农业部在粮食主产区启动了农业物联网区域试验工程，利用地理信息技术、无线传感和定位导航，开发了农机作业调度指挥与质量监控终端系统，并实现了田间作业质量控制监督、农机资源管理及跨区域指挥调度（许世卫，2013）。

2.4.4 农产品信息感知与质量安全追溯物联网

农产品信息感知内容主要包括农产品颜色、大小、形状及缺陷损伤等外观信息和农产品成熟度、糖度、酸度、硬度、农药残留等内在品质信息。农业物联网在农产品质量安全与追溯方面的应用最为成熟，主要集中在农产品仓储及物流配送等环节，通过条形码技术、电子数据交换技术、RFID 读写器和电子标签等技术实现物品的自动识别和出入库，利用无线传感器网络对仓储车间及物流配送车辆进行实时监控，从而实现主要农产品来源可追溯、去向可追踪的目标。

孙通等（2009）总结了近红外光谱分析技术在鱼类、水果等农产品品质检测上的研究进展，分析了近红外光谱技术尚存的问题，并对今后的研究方向进行了展望。Costa 等（2013）阐述了 RFID 技术在农产品质量安全与追溯方面的发展现状，分析了 RFID 技术面临的机遇和挑战，指出了其未来研究的方向。刘寿春等（2013）研究了检测冷却猪肉物流环节主要腐败菌和病原菌的数量变化，设计基于统计过程控制的均值—极差控制图，为监控猪肉冷链物流过程提供科学的管理和控制方法。杨信廷等（2008）用初级蔬菜产品作为研究对象，构建了蔬菜质量追溯及安全生产管理系统，从信息技术的角度实现了蔬菜质量安全追溯。

2.4.5 各应用领域存在问题分析

一方面，从农业物联网体系结构角度出发，以上各领域农业物联网的研究与应用普遍存在异构网络接入层硬件网关研究较多、嵌入式网关中间件研究应用相对较少的问题；另一方面，农业物联网数据共享层研究应用严重缺失，各应用系统一般直接将感知层获取的数据发送至农业物联网应用层，缺乏对感知数据的深度挖掘和分析，难以达到进一步指导农业生产的效果。同时可以看出，农业生产环境监控物联网目前发展较为成熟，其应用部署又分为单机应用和远程监控模式；在动植物生命信息监控物联网中植物生命信息监控及农产品信息感知物联网研究与应用方面，主要集中在数据获取与单机处理方面，系统完整的网络化应用还不多见；智能农机物联网的研究与应用更多集中在几个单向技术的突破方面，整个监控系统的应用在逐步推广过程中；动植物生命信息监控物联网中动物生命信息监控物联网及农产品质量安全追溯物联网的研究与应用最为成熟，特别是在 RFID 应用方面，但也存在单个生产环节应用较好，全产业链物联网监控应用有待进一步加强的问题。

2.5 农业物联网发展趋势

农业物联网作为新的技术浪潮和战略新兴产业得到了我国党和政府的高度重视，面临前所未有的发展机遇，一是随着国家对战略性新兴产业扶持力度的加大所面临的产业发展机遇；二是随着现代信息技术和物联网关键技术的突破所面临的技术发展机遇；三是随着现代农业迅速推进农业物联网应用需求增加所面临的市场发展机遇；四是随着国家和地方对农业物联网发展重视程度的提高所面临的国家重大工程建设机遇。但同时我国农业物联网的发展正处于初级阶段，农业物联网技术、产品以及运营模式等还不成熟，农业物联网的发展仍然处于探索和经验积累过程中，特别是农业物联网标准体系的缺失导致各应用系统的兼容性、互换性比较差，对农业物联网的投入造成很大浪费。本研究提出的农业物联网体系结构为农业物联网系统的设计与实现提供了一定的参考，但仍有很多细节需要完善，特别是底层向上层提供的调用接口的定义、接口的性能描述等，以期为具体应用系统的开发提供更多规范。

未来农业物联网的研究应紧密围绕发展现代农业的重大需求，在农业物联网体系结构基础上，加强基于 RFID 的识别技术与基于传感器的感知技术获取信息的无缝整合研究，实现农业生产、流通、加工、消费全产业链信息的深度融合与挖掘。面向不同应用对象，进一步精炼系统实现结构，利用大数据思维方法建立农业知识模型、决策支持模型和阈值控制模型等，研发低成本、实用性强的终端智能装备，通过重大工程带动战略进行应用示范，推动农业物联网持续快速健康发展。

2.6 本章小结

针对当前农业物联网系统从底层的物理感知设备到上层应用平台的发展都受到设备的异构性、设备与平台间的互联互通性、通信协议与应用平台的异构性以及应用开发成本较高等因素的制约问题，从农业物联网工程实践出发，参照互联网层次模型的研究，构建农业物联网层次结构模型，由下至上分为感知层、接入层、网络层、数据层及应用层 5 层，各层对应不同的通信协议，进而提出农业物联网层次结构模型与协议体系的配套构成了农业物联网体系结构。该体系结构可用于引导系统开发人员遵循层次结构原则来实现系统，使最终建立的系统符合预期需求。同时，对照该体系结构，提取各行业应用的共性问题，按照监测对象的不同，分析农业生产环境监控物联网、动植物生命信息监控物联网、农产品品质检测与质量安全追溯物联网、农机作业监控物联网等不同应用领域的研究现状、涉及的主要技术及存在的问题，最后对农业物联网的未来发展趋势进行了探讨。

3　农业物联网接入层设计与实现

3.1　物联网接入层概述

随着无线通信技术的发展，其应用已逐步进入到农业生产各个领域。由于现阶段农业物联网尚处在起步阶段，市场上有着多种不同通信协议的农业物联网系统。不同厂家生产的设备种类繁多，通信接口各异，通信协议互不兼容，导致底层感知设备接入上层农业物联网应用系统困难重重；同时，缺少一个通用的上层控制软件能够灵活、方便地对底层的硬件设备进行简易的配置和控制(侯维岩等，2014)。因此，现阶段的农业物联网系统操作难度较高，增加了运营商系统维护的成本。《工业和信息化部 2014 年物联网工作要点》将研究支持多协议、多标识转换的通用网关，研究支持多种接入方式、统一地址转换、统一数据采集接口、数据存储管理等关键技术列为需要突破的核心关键技术。本章首先从采集设备多样性、传感器硬件接口的异构性和通信协议的多样性方面分析了对农业物联网接入层面临的问题，进一步分析了当前农业物联网接入层的研究现状，随后给出了所设计的农业物联网接入层的系统结构和功能结构，最后对所设计实现的农业物联网接入层进行了测试。

3.1.1　接入层存在的问题

随着现代信息技术的快速发展，物联网技术在农业各行业得到广泛应用，大量传感设备部署于农业生产、生活各个方面，由于商业、技术成熟度或者历史原因，这些感知设备的功能、接口和数据传输协议等都存在着明显差异，具体表现如下。

3.1.1.1　采集设备的多样性

农业物联网采集设备包括空气温湿度传感器、光照度传感器、土壤温湿度传感器、CO_2 浓度传感器、氨气、硫化氢等有害气体浓度传感器、动物体温、心率传感器、RFID 标签及读卡器等。不同的农业行业有其特有的感知设备与采集方法。如表 3-1 所示，按照输出信号类型、所测量数据类型、工作原理等对传感器进行分类（汪永鹏，2013）。

表 3-1 传感器的分类

Table 3-1 Classification of the Sensors

分类依据	传感器种类
工作原理	物理传感器、化学传感器等
所测量数据类型	压力传感器、速度传感器、位移传感器、加速度传感器、霍尔传感器、热敏传感器、湿敏传感器、振动传感器、气敏传感器等
输出信号类型	模拟传感器、数字传感器、开关传感器等

葛文杰等（2014）从测量信息、采用测量原理方法及成熟度等方面对当前农业传感器研究现状进行了详细、具体的分类。

3.1.1.2 硬件接口多样性

不同类型的传感器必然导致各种各样的硬件接口，下面简要介绍几种常用的接口标准。

SPI（Serial Peripheral Interface，串行外围接口）是一种标准的四线同步全双工串行总线，以主从方式工作，SPI 主设备（Master）提供 SPI 串行时钟，从设备（Slave）与主设备保持时钟同步，当有多个从设备时需要至少 4 根线，分别是 SCLK（时钟）、CS（片选）、SDI（数据输入）、SDO（数据输出）。在 SPI 通信过程中，允许数据按位进行传送，这是区别于一般串行通信协议的主要优点。此外，SPI 的数据输入和输出线独立，可以进行全双工通信。缺点是没有应答机制确认数据是否接收到。

I2C（Inter-Integrated Circuit，串行总线）一般有两根信号线，一根是时钟线 SCL，在微控制器和其外围连接设备的通信中使用，另一根是双向的数据线 SDA。因此，所有外接设备的数据线都应接到 I2C 总线的 SDA 上，而时钟线接到总线的 SCL 上。两条线可以挂多个设备，每个设备有唯一地址，只有在两条线上传输的值等于 I2C 设备的地址时，才作出响应，因此具有总线仲裁机制，非常适合非经常性、近距离的器件之间数据通信。

UART（Universal Asynchronous Receiver/Transmitter，通用异步接收/发送装置）是一种用于异步通信的串行数据总线，包括了 RS232、RS422、RS423、RS499 和 RS485 等接口标准规范和总线标准规范，可以同时传输和接收数据，实现全双工工作。上位机与微控制器进行通信时一般使用先入先出队列（First Input First Output，FIFO）。其过程为：CPU 将并行数据写入 UART 串口寄存器中，再由 FIFO 传送到串行设备。在接收数据时，则通过移位寄存器将数据存入 FIFO 中。通信开始前应约定好数据传输格式、数据传输速率等，通信过程中以位为最小单位进行数据传输。

RS232 是目前最常用的一种串行通信接口，也称为标准串口，有 DB25 和 DB9 两种类型。RS232 接口任何一条信号线的电压均为负逻辑关系，即接收器将所识别的+3V 到+15V 之间的信号作为逻辑“0”，-3V 到-15V 之间的信号作为逻辑“1”。由于通信过程是按比特位来传送，使得所用传输线较少，配线简单，而传送距离较远，可达 15m 左右。目前，RS232 已在微机通讯接口中广泛采用，已被置于从微控器到主机的多种类型的计算机及其相连接的设备。

RS485 是一种应用最广泛的串行总线标准，有两线制和四线制两种接线方式。四线制只能实现点对点的通信方式，现很少采用。RS485 采用平衡发送与差分接收的方式，实际只需 2 根线即可实现数据通信。现在多采用的是两线制接线方式的总线式拓朴结构，传输距离一般在 1~2km 为最佳，如果超过距离加“中继”可以保证信号不丢失，而且结点数有限制，结点越多调试起来稍复杂，是目前使用最多的一种抄表方式，后期维护比较简单。

GPIB 接口与以上串行通信接口不同，采用并行通信方式，所以通信速率相对较高，可达 1.5M 字节/s，同时 GPIB 接口卡成本也比较高，通常配置于高端的传感设备之上。通过 GPIB 控制卡可以将多台仪器组成星型或线型通信系统，通常包含听者、讲者、控者 3 类通信装置。在一个 GPIB 系统中，只能有一个控者，可以设置多个讲者和听者，但在某一时刻，只能有一个讲者在起作用，多个听者则不受限制。

3.1.1.3 通信协议的多样性

不同的通信接口导致通信协议的多样性，常见的通信协议分为有线通信协议和无线通信协议。各种通讯协议的种类繁多，表 3-2 列出了常见的无线通信技术及参数对比（葛文杰等，2014），不同应用程序针对各无线通信技术的优缺点进行选择。

表 3-2 无线通信参数对比

Table 3-2 Comparison between Several Wireless Communication Technologies

类型	WIMAX	GPRS	Bluetooth	WiFi	ZigBee
应用重点	无线城域网	语音数据	电缆替代品	多媒体应用	无线数据采集
传输距离	几十千米	范围无限制	<10m	几百米	1.2km
网络规模	大	无限制	点对点	较小	65 000
终端功耗	高	较高	较高	较高	很低
比较优势	覆盖范围大 投资成本低	服务质量好	价格低 配置简单	灵活性高	网络拓扑灵活

工程实践中常用的通信协议还包括多功能电表通信协议 DL/T645—2007 和工业标准 Modbus。

（1）DL/T645—2007 通讯协议。DL/T645—2007 是由中国电力科学研究院负责起草的针对电力数据仪表所推出的标准规约。该协议采用主-从结构的半双工通信方式，一般情况下手持单元为主站，多功能电能表为从站。通信链路的建立与解除均由主站发出的信息帧来控制。每个多功能电能表均有各自的地址编码。每帧由 7 个域组成，包括帧起始符、控制码、从站地址域、数据域、数据域长度、帧信息纵向校验码及帧结束符。每部分由若干字节组成，帧结构如图 3-1。

说　明	代　码
帧起始符	68H
地址域	A0
	A1
	A2
	A3
	A4
	A5
帧起始符	68H
控制码	C
数据域长度	L
数据域	DATA
校验码	CS
结束符	16H

图 3-1　帧格式

Fig. 3-1　Frame Format

帧信息的开始标识符为 68H，地址域由 6 个字节组成，若地址码长度不足 6 字节，高位用“0”补充即可。地址最大长度可达 12 位十进制数，每个字节用 2 位 BCD 码表示。控制码是由一个字节组成，它包含了数据帧的传输方向和正确性，以及对电表进行读写等操作功能代码。数据域长度 L，进行写数据时，数据长度应小于或等于 50，在读数据时，数据长度 L 应不大于 200，如果 L=0 表示无数据域。数据域在发送时需将每一个字节进行加 33H 处理，相应的接收方按字节进行减 33H 才能得到真实的数据。数据域包括帧序号、操作者代码、数据标识、数据和密码等，其结构随控制码的功能而改变。校验码表示从第一个帧起始符开始到校验码之前的所有各字节的和模 256。结束符标识数据帧信息的结束，其值为 16H。

DL/T645—2007 通讯协议的数据帧是以字节为基本单位进行传输，其长度为 11 位，包括一个起始位，一个偶校验位，一个 8 位数据和一个停止位。如图 3-2 所示，D0 是字节的最低有效位，D7 是字节的最高有效位，且每一个字节都按照先低位，后高位的方式进行传输（盛科，2013）。

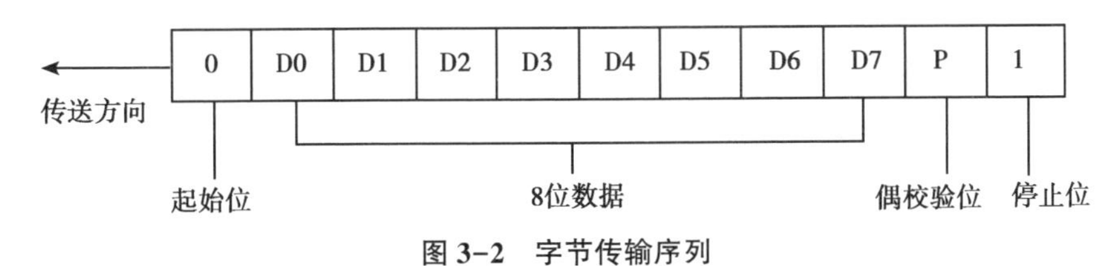

图 3-2 字节传输序列

Fig. 3-2 Transmission Byte Sequence

（2）Modbus 协议。Modbus 是第一个真正用于工业现场的总线协议，最初是由美国著名的可编程控制器公司提出，目前作为无线数据传输新型技术，被广泛用于工业控制系统当中。Modbus 作为一种主从协议，允许一台主机与多台从机通信，Modbus 中通常有两种有效的无线数据传输方式，ASCII 码和 RTU 方式，后者主要优势在于相同的波特率下，RTU 方式无线数据传输效率高许多。Modbus-RTU 通信数据帧格式如表 3-3 所示（赵亮等，2014）。网关作为主机向底层传感器发送 8 个字节，分别是 1 个字节的地址码，2 个字节的寄存器起始地址，2 个字节的将要读取的总数据长度，1 个字节的功能码 0x03（表示读取），2 个字节的 CRC 校验码；感知节点收到网关的命令后，将返回对应格式的数据。

表 3-3 Modbus 协议数据格式

Table 3-3 Data Format of Modbus Protocol

	数据格式	字节数（B）		数据格式	字节数（B）
主机	地址码	1	从机	地址码	1
	功能码	1		功能码	1
	起始地址	2		数据长度	2
	数据长度	2		数据内容	2
	校验码	2		校验码	2

由于采集设备的多样性、设备接口各异及通信协议互相难以兼容，为了实现各种感知设备与上层应用系统之间的通信，通常需要针对每一种设备开发一套数据采集系统，使得上层应用程序与底层设备之间存在很强的耦合性，不利于感知设备之间的互联互通和上层应用的灵活配置。

3.1.2 接入层研究现状

3.1.2.1 研究现状

针对各种传感设备及具体应用需求，研究人员进行了相关研究及系统开发。为满足设施农业对精准控制与实时视频的要求，盛平等（2012）提出将基于 ZigBee 与 3G 技术的无线远程传感网络应用于设施农业中，构建一种高效的设施农业远程精准测控系统。何世钧等（2004）采用智能光强度及温湿度传感器+智能控制器两级结构，设计了基于 CAN 总线的设施农业嵌入式测控系统，控制规则由控制器独立生成，数据采集、处理由智能传感器负责，实现了数据共享功能。刘红义等（2010）采用了基于 SoC 的低功耗、小型化的 WiFi 传感器节点采集室内外环境信息，设计并实现了一种基于 WiFi 传感器网络的室内外远程监测系统，并通过 Internet 向远程用户提供实时监测服务。王风云等（2009）、孙忠富等（2006）提出使用 GPRS 和 Web 技术建立温室环境信息采集系统。底层传感器采用 RS485 总线方式与现场上位机连接，现场监控系统与互联网的连接通过 GPRS 无线通讯技术建立，将实时感知信息发送到 Web 数据服务器。陈琦等（2011）提出了一个基于 ZigBee/GPRS 的物联网网关系统，通过不同类型网络协议的转换，实现了传感网与电信网络之间的数据传送。

以上研究可总结为感知设备通过 CAN 总线或者 485 总线等有线方式，以及蓝牙、WiFi、ZigBee、RFID 等无线传感器网络获取监测对象的相关信息，再通过 GPRS、WiFi、以太网等形式传送至远端服务器（陈美镇等，2015）。无线传感器网络、总线网络、互联网等网络之间的硬件接口、数据结构、传输方式等各不相同，这就使得计算机硬件厂家要为不同的硬件接口编写不同的驱动程序，用户也需要花费大量精力针对各种感知网络进行单独开发，从而降低了程序可复用程度，同时加大了上层应用程序开发的难度和复杂度，如何有效地实现不同网络、不同设备间的互联互通以及获取所需的各类服务是农业物联网应用中的一个核心问题。

为了规范物联网底层设备的通信和相互连接，产业界和研究领域制定了大量的物理层和传输层网络协议，如 IEEE802.15.4、Bluetooth、ZigBee 以及 6LoWPAN 和 WiFi 协议标准等。同时，IEEE1451 标准族定义了一套连接传感器到网络的标准化通用接口，以使工业变送器与现有的仪表仪器、微处理器系统和现场总线网络相连，进而解决不同网络之间以及传感器与网络互连的兼容性问题，并最终实现变送器到网络的互操作性。然而，这些技术标准主要从网络层的角度保证了感知设备的整合和互联互通，网络层以下的异构嵌入式设备之间依然面临兼容性、孤立零散和信息交互不畅通的困境。

为了进一步解决物联网异构设备的相互连接和通信问题，当前多采用网关及嵌入式中间件的方式。网关可以为只具备局域网通信能力的感知设备提供接入 Internet 的通道，完成 ZigBee、WiFi、蓝牙或其他局域网通信协议到 TCP/IP 协议的转换。中间件则提供了一个编程抽象，方便了应用程序的开发，缩减了应用程序和底层设备的间隙。

当前网关研究主要集中在不同微控制器的选择与开发方面，通用集成网关研究相对较少。关于中间件有很多研究和原型实现，但还都处于初步的阶段。根据中间件所处的位置及作用可以分为嵌入式中间件、代理网关中间件和平台中间件。

嵌入式中间件即是通过嵌入式开发，将 Web 服务器添加到传感器设备中，此类中间件对感知设备资源要求较高，使用较少。

代理网关中间件主要指传感器设备通过底层通信网络连接到网关或者 Web 代理服务器上，再通过代理服务器网关上的 Web 服务将设备的资源和能力进一步开放出来。当前研究主要集中在无线传感器网络中间件方面，李仁发等（2008）、王林等（2014）对无线传感器网络中间件技术进行了总结，针对无线传感器网络结构及独有特征，分析了 WSN 中间件面临的问题与挑战，比较了几种不同设计方法，并且通过编程模型、可扩展性、移动性、异构性等几个重要性能参数比较了现存典型实例的优缺点。

现存的传感器网络中间件根据不同的设计模式和解决问题的方式主要分为以下几种：基于事件驱动的中间件，也叫基于消息驱动的中间件，汇聚节点通过订阅感兴趣的事件来获得事件发生时的数据消息，感知节点则通过发布事件发生的方式通知汇聚节点更新订阅消息，汇聚节点与感知节点之间采用异步通信的方式。典型应用如 DSWare（Li et al，2004）、Impala（Liu et al，2010）及 Mires（Souto et al，2006）等，当传感器节点检测到简单事件，也可以是复杂事件时，通过广播向整个网络进行通知，由于只有发生事件才进行消息广播，有利于网络整体能量的保存，比较适合于大规模的无线传感网的应用。基于数据库方式的中间件，例如 TinyDB（Samuel et al，2005），Cougar（Bonnet et al；Seshadri，2000，2001）以及 SINA（Shen et al，2001）。它们将传感器网络节点看作一个分布式数据库，方便用户使用类似 SQL 语言向网络中各节点发送查询命令，只有满足查询条件的节点返回自身感知数据，否则忽略该命令；基于虚拟机形式的中间件，如 Mate（Levis et al，2002），MagnetOS（Barr et al，2002），SensorWare（Boulis et al，1981），它们通过屏蔽底层硬件资源和系统软件间的异构性来提供灵活方便的编程接口，方便程序员开发是目标，目前该方法存在要么资源需求过高，要么指令解释开销过大的问题；基于移动代理的中间件可以将“代码”动态注入并运行在传感器网络中，移动 Agent 是在网络中能够复制和移动执行的程序，通过移动 Agent 可以向网络中动态部署复杂的应用，典型例子如 Agilla（Fok et al，2005）。

平台中间件相对于前两种中间件所处位置而言更加接近上层应用程序，主要使用 Web 技术将聚合在平台上的异构设备或者异构数据统一暴露出来方便上层应用程序调用。根据目的和实现机制的不同，平台中间件主要分为面向消息的中间件（Message-Oriented Middleware）、远程过程调用（Remote Procedure Call）和对象请求代理（Object Request Brokers）等。它们可向上提供订阅发布、同步、广播、排队等不同形式的通讯服务，在这些基本的通讯平台基础上，可建立各种框架，从而提高所建立上层应用程序的可扩充性和可移植性。

3.1.2.2 需要解决的问题

通过以上农业物联网接入层存在的问题和当前研究现状，可以将农业物联网接入层需要解决的问题总结为以下几个方面。

网络拓扑结构的可扩展性。一方面，由于物联网的设备种类繁多，设备接口各异，数据格式及传输协议相互兼容性差，所以农业物联网接入层必须具备支持各种异构设备接入互联网的能力，并且随着底层设备的不断扩充，接入层的各项性能指标应保持一个可接受的水平。另一方面，当底层感知网络中有新节点加入或有节点失效时，接入层应该具有足够的灵活性，能够方便、快速地调整网络拓扑结构，使得新加入或失效的感知节点不影响整个采集系统的运行。

数据处理与转换。由于感知网络特别是无线传感器网络中存在大量冗余信息，并且可能存在超过正常范围的异常数据等，这就需要网关中间件首先对所获取的数据利用相关算法进行去重、去异常操作，一方面节省网关本地资源，另一方面减少网关向服务器发送数据的压力。

稳定性。农业物联网接入层起到承上启下的作用，是整个农业物联网体系结构重要的一环，数据采集的连续性和正确性直接影响到监测结果的好坏，一系列错误的数据容易导致生产、管理者产生误判，给农业生产企业带来较大损失（李贡湘，2013），因此，接入层网关应具有持续工作的能力，减少错误概率，降低企业损失。

服务质量（QoS）。包括数据精确度、丢包率、服务延迟、差异化服务等（昌煦超，2013）。一方面，接入层支撑的业务应用类型多种多样，各应用对于服务质量的要求各不一样，因此接入层具备提供差异化服务的能力。另一方面，网关一般是在计算能力、内存资源和通信带宽等方面资源受限的设备，随着底层接入设备和上层业务应用的增加，接入层将承受数据处理的巨大压力，容易导致接入层服务质量无法保障。

3.2 农业物联网接入层设计

3.2.1 农业物联网接入层系统结构

农业物联网接入层可以有效屏蔽底层异构网络和硬件的复杂性，方便上层应用系统获取和管理各类底层设备资源，是连接业务应用和硬件设备的桥梁。接入层主要由硬件网关及内置的嵌入式软件中间件等构成，硬件包括处理器、存储结构、对外接口等，输入接口包括 RS232、RS485、WiFi 等，方便不同接口感知设备的接入，输出接口包括 WiFi、RJ45、GPRS、LTE 等方式，可让用户根据应用场景的实际条件选择输出方式。中间件主要功能包括通信协议转换、信息采集配置、网关配置、数据封装、数据融合、数据转发等功能，可以有效屏蔽底层异构感知网络的复杂性，并提供统一的抽象管理接口，为农业物联网业务应用的快速建立提供基础，同时中间件还可用于执行数据的压缩、融合等操作，从而节省网络层特别是使用电信网络时的数据传输量。接入层系统结构如图 3-3 所示。

该接入层采用三层架构，保证了架构的可伸缩性、可扩展性和松耦合性。其中，接口层提供了丰富的接口，为物联网网关中间件支持不同种类的设备，以各种接入技术接入互联网提供硬件保障。驱动层包括各种感知设备的设备驱动和网络驱动，主要功能是屏蔽底层设备的传输协议的差异性和实现细节差异性，提供给嵌入式中间件层一个统一的接口来获取底层感知节点的数据以及向执行器发送控制命令等。当添加新的感知设备时，在该层查找相关驱动程序即可，使接入层能够满足网络拓扑结构的可扩展性原则。

嵌入式中间件层协调感知设备数据采集和执行器控制的通信，抽象出通用的物联网数据模型，通过上层综合信息服务对感知信息按照行业应用进行展示。中间件既可以从数据采集模块中接收数据，又可以向底层相关执行器发送控制信息。作为连接上层应用和底层感知网络的纽带，嵌入式中间件层统一了不同应用场景下的数据采集的接口，并根据其上层业务信息系统所需的业务进

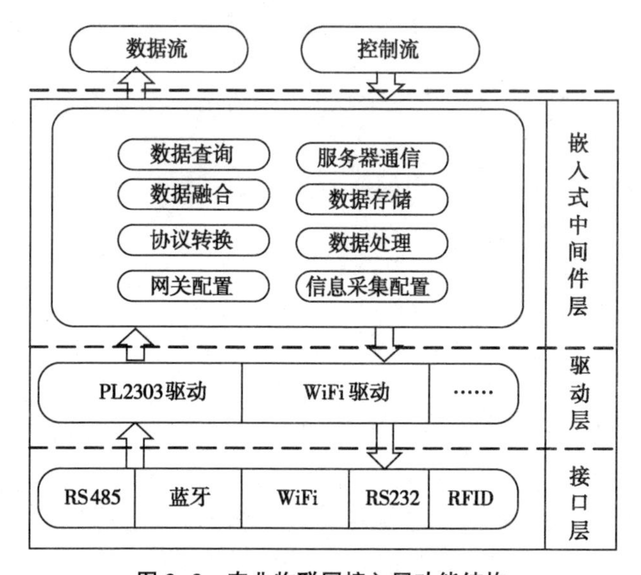

图 3-3 农业物联网接入层功能结构

Fig. 3-3 AIoT Access Layer Architecture

行逻辑配置，对控制流、数据流等通道信息进行转换处理。该中间件致力于提供一种松散耦合的策略，使底层传感数据、数据分析处理平台和上层业务信息系统可以在较大差异的各类应用场景中都具有一定的实用性。这种松耦合可以通过各个应用的配置来体现，可以实现较大的灵活性。

农业物联网接入层将上层应用系统的开发从底层的硬件细节中剥离出来，简化了异构感知网络信息采集软件的开发流程，降低了农业物联网上层应用程序开发的门槛。农业物联网接入层工作流程如图 3-4 所示。当网关上电启动后，首先进行程序自检，建立与服务器的通信，之后确认各接口配置文件是否存在，如果存在则读取配置文件，获取设备相关信息并对设备接口进行初始化，然后按照主动上报或者查询响应两种模式调用相应数据采集函数，接收感知设备响应数据，对于收到的数据，按照配置文件中的数据解析格式和数据处理规则对数据进行提取与处理，将合格数据存入网关数据库并与远程数据库进行同步。

3.2.2 农业物联网接入中间件详细功能设计

3.2.2.1 网关配置

网关配置主要用来实现网关在上层平台的注册功能，包括网关的编号、接口类型、接口数、接口占用情况、远程数据服务器地址等。

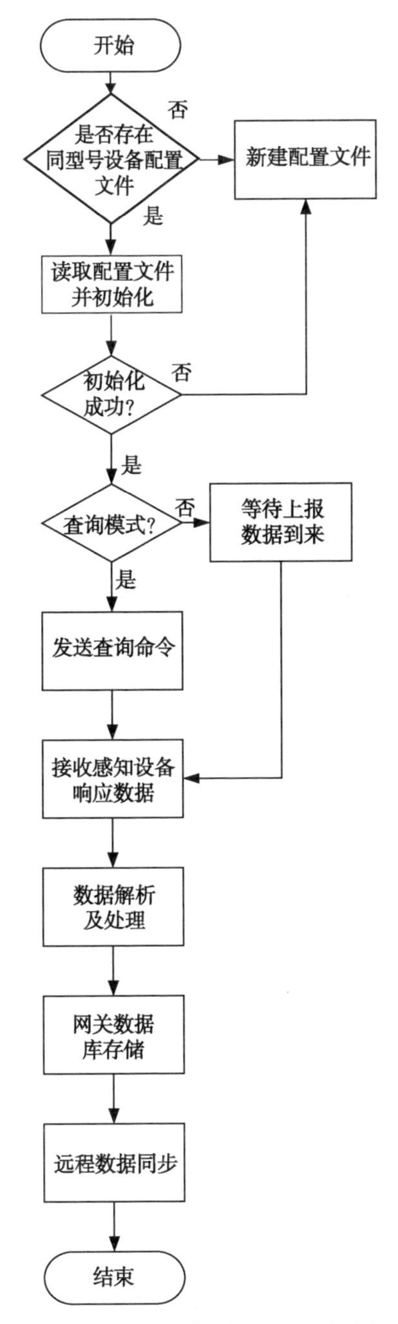

图 3-4　农业物联网接入层工作流程

Fig. 3-4　AIoT Access Layer Workflow Chart

3.2.2.2　感知终端数据采集配置

农业物联网接入层在进行数据采集任务时首先对异构网络进行配置，主要包括智能网关各个通道的通信波特率、校验方式、连接属性以及数据应用服务器的通信地址等信息。该配置信息以 XML 格式存储（陈朋朋，2011），XML 文件的根节点为<sensorDevices>，表示该配置文件存储的内容为各感知设备的配置信息，根节点下包含每一个采集设备的详细信息，包括设备基本属性如产品名称、型号等，接口属性如接口类型、接口通信参数等，还包括该设备对应的采集命令、采集函数信息。由于各采集设备需要设置的参数多少不一，所以各 XML 配置子节点的结构也不完全一样，所有配置信息都可以使用上位机程序或者远程服务平台来设定。

3.2.2.3　异构网络协议转换

异构网络协议转换包括异构网络协议的封装与解析，一方面网关从底层异构网络及设备中读取的感知数据格式及含义各不相同，这就需要网关按照通信协议指定的数据格式正确解析出感知数据并进行相关处理；另一方面当用户需要对底层各异构网络进行数据查询时，需要根据用户的查询要求，将异构网络类型、网络 ID、感知节点 ID 及具体查询命令等进行封装后下发网关进行查询。以网络中某设备的通信协议解析与封装为例，分析如下。

设备发送的查询命令格式为 3A、59、ADDR、CMD、NUM1、NUM2、LONG、DATA、CHK、0D，设备响应命令格式为 6A、79、ADDR、CMD、NUM1、NUM2、LONG、DATA、CHK、0D。其中，3A、59 表示发送命令包头，6A、79 为设备响应数据包头，ADDR 为设备地址码范围是 0000—FFFF，CMD 表示命令码，包括读取、设置命令，NUM1：数据总包数（1～N），NUM2：当前数据包序号（1～N），当数据报文多包时，分包发送，N<0xFF；当数据不确定时，默认为 1。LONG：数据域字节总长度（长度范围：0～2 000 字节），DATA：数据域，不定长；CHK：校验和，0D：结束码。

当用户需要发送查询命令时，根据用户的具体指令，封装发送命令包头，设置所要查询的感知设备地址及其他所需信息，发送命令的同时将配置信息以 UTF-8 编码格式写入 XML 配置文件库（陈美镇等，2015）。设备响应命令的解析则相反，通过读取通信协议 XML 配置文件，逐字节分析并完整获取感知数据。封装流程如图 3-5 所示。

3.2.2.4　数据处理

底层传感器网络获取的数据量十分庞大，但是真正有意义的数据却不多，因此数据处理与过滤是嵌入式中间件层的核心功能之一。

以中间件接收来自汇聚节点和 RFID 读写器的数据为例，中间件需要过滤

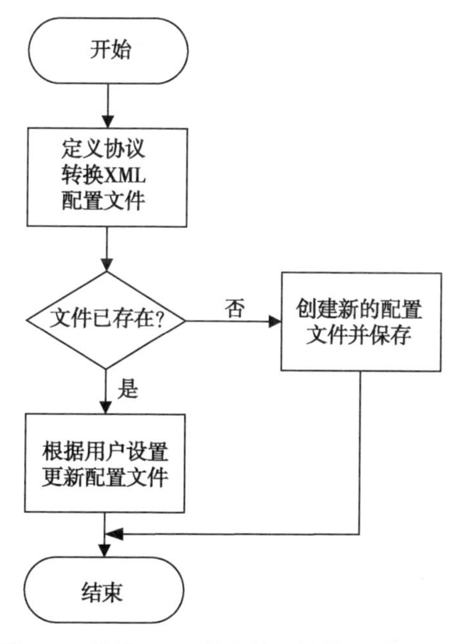

图 3-5 基于 XML 的异构网络协议封装流程

Fig. 3-5 XML Based Heterogeneous Network Protocol Encapsulation Flow Chart

掉的冗余数据包括在很短时间内如小于用户设定的采集时间，同一个 ZigBee 汇聚节点或同一台 RFID 读写器对同一个感知数据的重复上报。对于 RFID 识别系统，由于读写器的读取率与物品离阅读器远近、阅读器天线的摆放位置等有很大关系，所以为了保证读取率，通常会在同一个地方放置多个读写器，这样就容易造成多台临近的读写器对相同数据同时进行上报。对于 ZigBee 无线传感器网络，需要获取某一个区域的数据时，此区域内的大量传感器会同时发送感知数据，而这些感知数据之间存在很高的冗余性。因此为使用户得到更加接近真实的准确数据，需要对数据进行去伪存真操作，主要的解决办法是在中间件中设定各种过滤器进行处理。根据用户的具体需求可以设定不同种类的过滤器，主要包括去重过滤器、事件过滤器、节点过滤器、时间过滤器和平滑过滤器等（王凡，2011），在实际使用中，可以将几种过滤器组合使用。

3.2.2.5 通信服务

农业物联网接入层通信服务包括网关与感知设备之间的通信和网关与数据服务器之间的通信两部分。网关与各接口所连接的感知设备之间的通信由接口初始化时读取配置文件及异构网络协议封装文件决定，当数据到达网关后，网关根据该数据中唯一的网络标识符获得该数据的具体格式并解析。网关与数据服务器之间的通信采用 Socket 编程接口实现，网关启动后根据读取到的配置文件信息中数据服务器的 IP 地址向服务器发起连接请求，服务器端 Socket 侦听到网关的连接并给予准许连接后，网关即可与服务器进行通信，为保持网络畅通，网关程序采用 keepalive 机制监测，如果出现网络中断情况，程序将延时 10s 自动重连服务器以确保网络实时在线。

3.2.2.6 数据同步功能

接入层中间件将经过初步处理的感知数据存入网关数据库，按照设定的时间间隔以数据报文的形式通过以太网发送至远程数据库。采用本地数据库既可以方便实时数据的本地查询、显示，又可以起到数据缓存的作用，有效防止网络中断导致数据的丢失，切实保证监测数据的时间连续性。农业物联网接入层中间件具有普通上传功能、断点续传及断网续传功能。普通上传是指中间件从本地存储的数据报文的头部起点连续向服务器程序发送数据，如果网络连接断开使得上传过程中断，则需要全部从头再来一次，容易造成网络拥堵，因此效率极低。多数农业物联网接入层与数据服务器不在同一地区，网络可能跨越联通、电信、移动等不同运营商，且大部分监测区域处于远离城市的郊区，在网络状况不佳时，如不能完整地上传则可能导致数据报文积压丢失。因此具体实现本地与远程数据服务器的同步时，应采用断点续传和断网续传功能（陈永攀，2011）。

3.2.2.7 日志管理

日志管理功能支持对采集过程的记录和监控管理，包括设备操作记录、采集失败记录及失败原因、连接异常记录、设备损坏报警信息等，方便对采集程序及硬件设备存在问题的查找和后期维护。

3.3 农业物联网接入中间件实现

3.3.1 系统需求分析

农业物联网接入层网关主要担当着网络间的协议转换、不同类型网络间路由、不同速率数据的存储转发等重要角色（王庆华等，2012）。在底层感知网络与因特网的通信过程中，各异构感知网络与 Internet 协议在物理层、数据链路层和网络层的差异都将在网关上进行协调和互联。本章以工厂化食用菌生产、流通环节通用物联网接入网关为例，针对食用菌产前、产中、产后追溯需要，构建 RFID 感知系统、ZigBee 生产环境监测网络及室外气象监测服务 3 种异构网络。各感知网络以不同的串口形式与网关连接，网关与数据服务器连接方式由 GPRS 和以太网两种方式供用户选择。网络拓扑结构如图 3-6 所示。

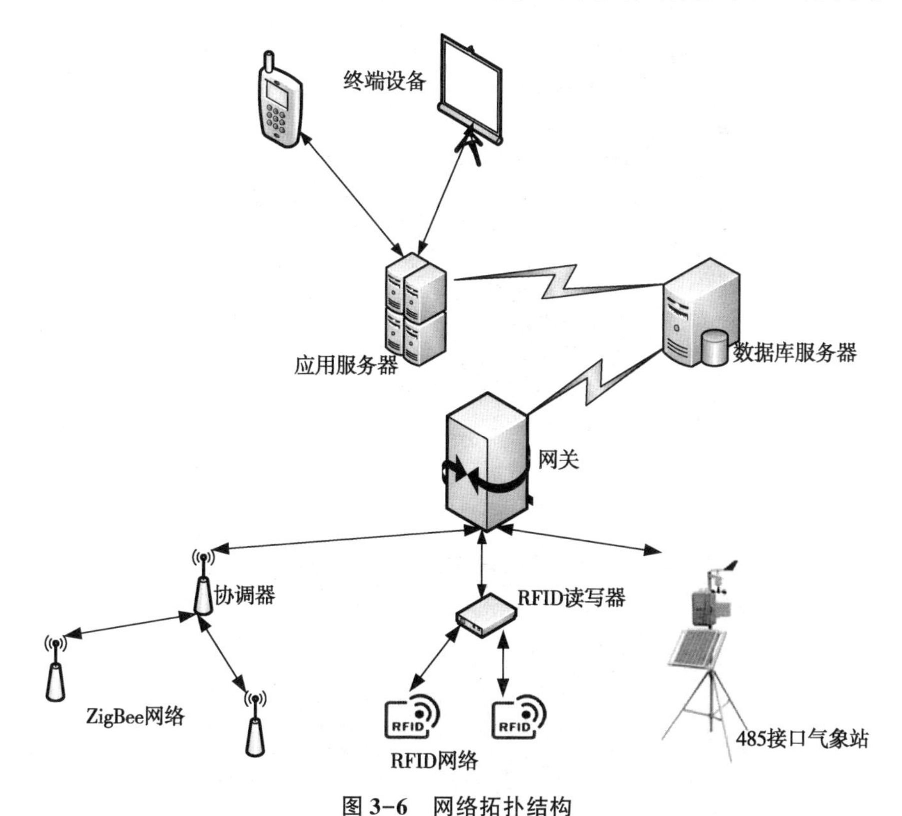

图 3-6　网络拓扑结构

Fig. 3-6　Network Topologic Structure

3.3.2　系统硬件平台

农业物联网接入层作为信息集中处理以及异构网络数据交互的平台，网关的选择至关重要。本系统的网关采用友善之臂的 Tiny4412 开发板，该开发板采用三星四核 A9 Exynos4412 为核心处理器，集成 1GB 运行内存和 4GB 高速闪存，运行主频为 1.5GHz，配置了 7 寸高清触控电容屏，具有较快的运算处理速度和丰富的外设资源，支持 RS-232、RS485、RJ45、USB、SPI、WiFi、3G 等接口电路，其核心板如图 3-7 所示，尺寸为 74mm×55mm，引出了大部分 CPU 功能引脚，采用了 2.0mm 间距的双排针（P1、P2、P3、P4）。其中 P1 和 P2 排针为标配焊接，包含了常用的主要功能；P3 和 P4 空焊，便于开发人员自行扩展。其硬件系统结构如图 3-8 所示。

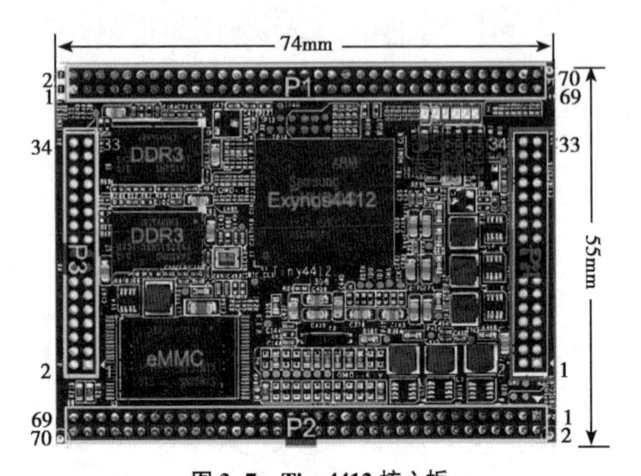

图 3-7 Tiny4412 核心板

Fig. 3-7 Tiny4412 Core Board

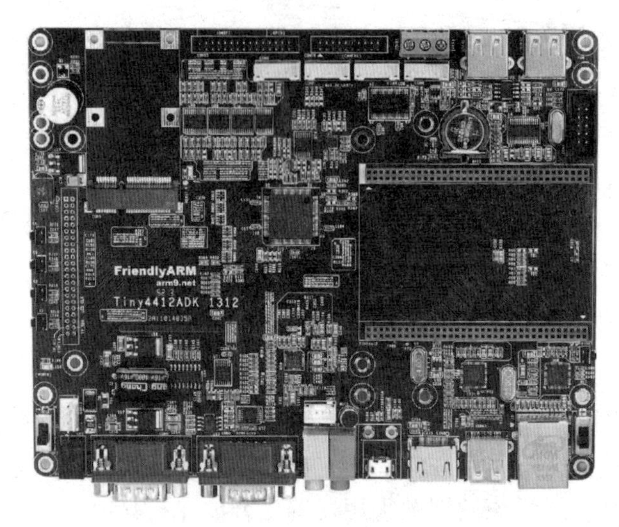

图 3-8 Tiny4412 扩展板

Fig. 3-8 Tiny4412 Expansion Board

3.3.2.1 ZigBee 无线传感器网络

无线传感器网络节点要进行相互的数据交流就要有相应的无线网络协议，如 MAC 层、路由算法、网络层、应用层等。传统的无线协议无法适应无线传感器网络对低功耗、低成本通信的要求（王琛，2009），因此 ZigBee 协议联盟设计推出了 ZigBee 协议标准。

ZigBee 协议栈由物理层、媒体访问控制层、传输层、网络层及应用层规范

5部分组成，每一层都实现一部分通信功能，并向高层提供服务。IEEE 802.15.4标准中只定义了物理层和媒体访问控制层（MAC），网络层和传输层规范则由ZigBee联盟制定，应用层规范由用户制定，如图3-9所示。

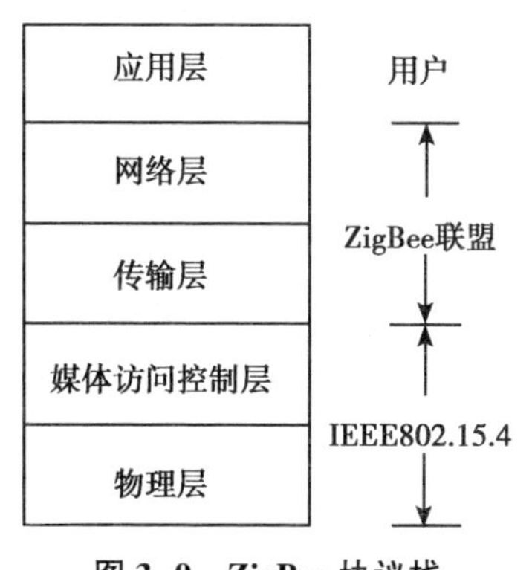

图3-9 ZigBee协议栈

Fig. 3-9 ZigBee Protocol Stack

ZigBee以其近距离、低复杂度、低功耗和低成本优势，广泛应用于农业生产环境监测和远程控制领域。ZigBee技术采用自组织网，网络节点能够通过信道扫描感知其他节点的存在，并建立连接关系，组成结构化的网络。通过采用不同的配置，ZigBee节点模块可以形成终端节点、路由器（兼有终端节点功能）和中心协调器三种不同的设备类型，进而组建星形、簇树形、网形和对等网等多种网络拓扑。

本系统ZigBee芯片采用TI公司生产的片上系统（SoC）CC2530。该芯片采用业界标准的增强型8051CPU，结合了2.4GHz优良性能的RF收发器，具有256kB系统内可编程闪存和许多其他强大的功能，工作时具有不同的运行模式，使得它适应超低功耗要求的系统。

核心芯片的优良性再加上外围电路的配合，可以实现多功能、高效率的无线数据传输。模块外围可以安装传感器模块，采集温度、湿度、高度、网口等数据传输模块。然后，对数据进行A/D转换，数字化后进行数据与网关间的串口数据传输，所用ZigBee感知节点电路如图3-10所示。

ZigBee组网过程主要分为两步，协调器初始化网络和节点加入网络。其中，节点加入网络又有子节点通过先前指定的父节点入网和通过与协调器连接入网两种方式。ZigBee网络建立流程如图3-11所示。

首先判断节点是否是全功能节点（Full Function Device，FFD），接着判断此FFD节点所在网络里是否已经存在协调器或者是否已加入其他网络里，然

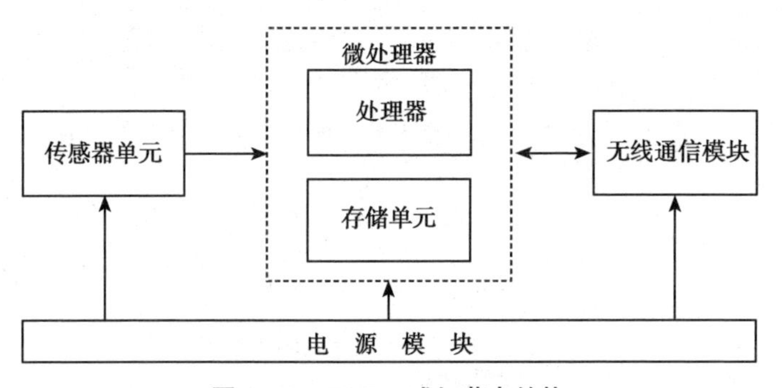

图 3-10 ZigBee 感知节点结构

Fig. 3-10 ZigBee Sensor Node Structure

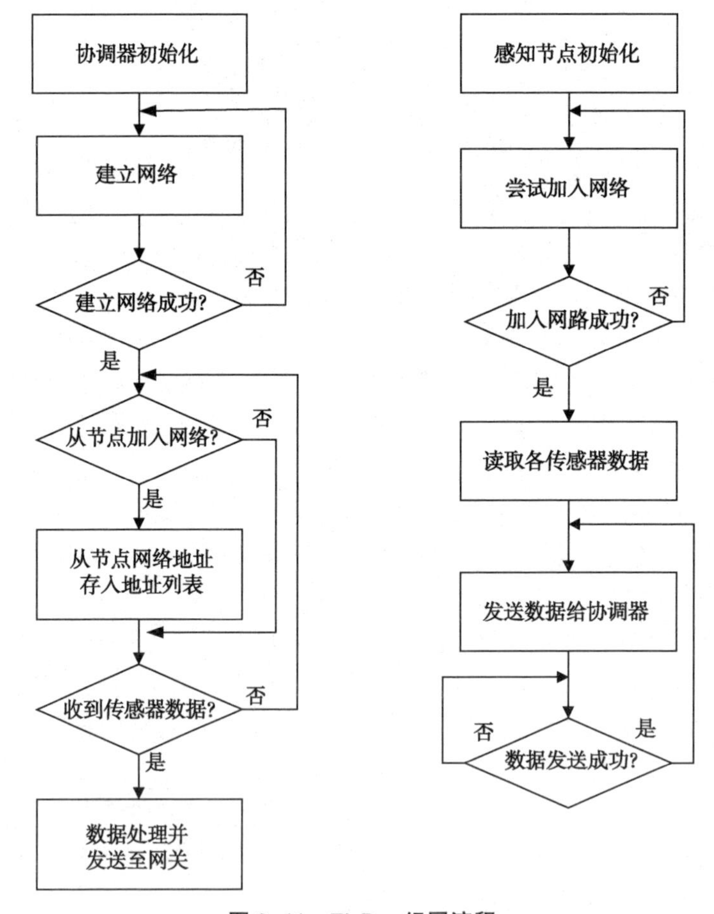

图 3-11 ZigBee 组网流程

Fig. 3-11 ZigBee Network Establishment Flow Chart

后设置一个扫描期限（T_scan_duration），通过发送一个信标请求命令进行主动扫描，如果在扫描期限内没有检测到信标，此时表明该 FFD 节点可以作为协调器建立 ZigBee 网络，之后不断地产生包含该网络地址的信标并广播出去，开始接受新的节点加入其网络。节点只要将自己的信道设置成与将要加入网络的协调器使用的信道相同，并提供正确的认证信息，即可请求加入网络，协调器根据自身连接情况决定是否允许其连接。

3.3.2.2 RFID 识别网络

射频识别（Radio Frequency IDentification，RFID）是一种利用无线通信技术实现非接触式的自动识别技术，通过射频信号自动识别目标对象并进行数据交换，具有安全性高、传输速度快、非接触、支持多标签识别、高速运动目标识别等特点（饶绪黎等，2013）。一个完整的 RFID 系统由读写器（Reader）、电子标签（Tag）、天线以及管理系统组成，广泛应用于食品药品防伪溯源、智能交通、智能物流、国防军事及自动化生产等各个领域。

针对生产过程中人员进出操作车间、采收后的仓储及流通过程监控问题，用 RFID 识别系统建立良好的追溯记录。读卡芯片选用 Philips 公司 MF RC522，此模块利用调制和解调原理将 13.56MHz 下所有类型的非接触式通信方式和协议进行了集成，并且具备 SPI 接口、串行 UART 和 I2C 接口实现与不同主机之间的通信。RFID 读写器与网关连接关系如图 3-12 所示。

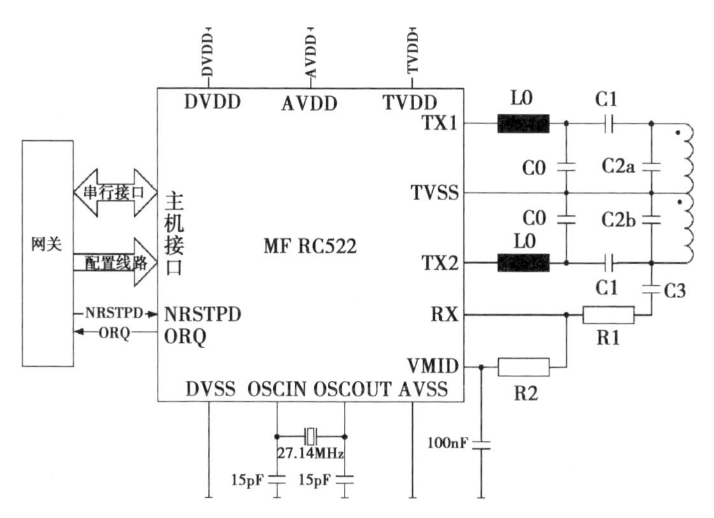

图 3-12 RC522 与接入网关连接示意图

Fig. 3-12 RC522 and Gateway Connection

3.3.2.3 485 总线网络

为了更加有效地对生产车间环境进行调控，在监测室内部温度、湿度、光照等数据基础上，还应监测温室外部环境的相应数据，利用相应的数学模型得出温室未来环境状况的短期预测值，解决温室控制中的大滞后、大惯性等问题。对温室外部环境监测采用自动气象站来监测空气温度、湿度、风速、风向、降雨量、光照度等关键参数。自动气象站部署在温室外部，采用 RS485 传输方式与网关连接。

3.3.3 系统软件平台

实现接入层中间件的软件平台首先需要在网关上移植 Linux 操作系统，利用操作系统提供的 TCP/IP 协议栈，实现底层异构网络协议与 TCP/IP 协议的转换，从而实现网关与数据服务器之间的通信，同时移植嵌入式数据库，实现监测数据的本地化存储、查询和展示功能。此外由于采用不同的接口形式与三种异构网络进行通信，需要在 Linux 系统基础上开发串口驱动供其他模块使用。

3.3.3.1 嵌入式数据库移植

SQLite 是一款轻型的数据库，占用资源非常低，只需要几百 kB 的内存就够了，因此在嵌入式设备中使用得到广泛应用。网关数据库采用移植安装 Sqlite 实现，步骤如下：①选择最新稳定版本的 Source Code 下载 Sqlite 源代码包，将压缩包解压。②使用命令配置编译选项，指定 Tiny4412 使用的交叉编译工具；同时指定安装目录的绝对路径，编译后的文件会全部放在安装目录中。③编译执行 make 命令生成 Sqlite 并使用交叉编译工具去除 sqlite3 的调试信息。④将编译好的 Sqlite 数据库复制到 Linux 系统下的安装目录。

数据库移植好之后即可在数据库中建立相关数据表：①用户表，存储可配置及查询网关的合法用户信息。②异常数据监测表，将所监测的环境数据与该表进行比对分析，以减少异常数据存入历史数据表。③历史数据表主要用来存储过往监测的历史数据，为本地环境控制模型提供数据支撑。④预警阈值表，存储监测指标的预警阈值。此外，还包括本平台所涉及功能的其他数据库表在此不一一列出。

3.3.3.2 软件功能设计

根据上一节给出的农业物联网接入层系统结构图及详细功能分析，设计并实现的具体功能如图 3-13 所示。

（1）数据采集配置。可以将感知结点的数据报送方式设置为主动上报或查询应答模式。查询应答模式获取数据时，网关首先按照协议将查询命令进行

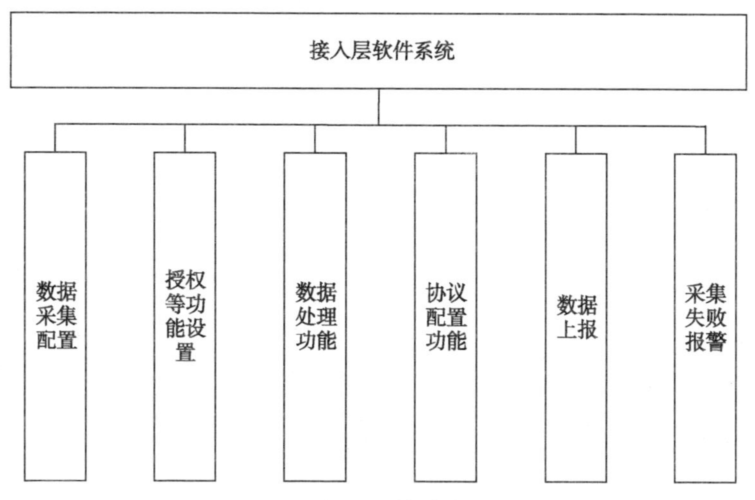

图 3-13 接入层软件功能结构

Fig. 3-13 Access Layer Software Function Structure

分析，获取查询命令各字节的含义，按照插叙命令提供的地址通过各串口发送给各自网络的中心节点进行寻址，感知结点收到查询命令后与自身地址比对，符合条件的节点按原路径回馈当前感知数据。

（2）授权等功能设置。对网关参数的设定既可以远程发送命令，也可以在网关本地人机交互界面上操作，主要设置包括设置采集周期、上报周期等系统参数，引导新接入网络的参数配置等，所有操作均需登录口令，防止非授权人员的操作。采集、上报周期从 1~65 535min 可配置。此外还可以通过本地电容屏或者远程主机进行系统校时。

（3）数据处理功能。包括数据存储和数据查询，网关采用 4GB 非易失存储器，可长时间保存历史数据，掉电不丢失。可查询最新采集时间、采集状况、采集器地址，并可实时监测总线上仪表数据以及仪表工作是否异常等信息。

（4）通信协配置。目前支持 DL/T645—2007、Modbus 两种协议，每个接口可独立配置。

此外接入中间件还具有数据主动上传功能（功能码“17H”“55H”）、故障报警主动上传功能（功能码“18H”）、通讯失败的终端信息主动上传功能（功能码“16H”）。

（5）主动上报数据。通过 GPRS 或以太网将数据传送至远端服务器，亦可通过上行串口将数据传送到本地服务器。自动恢复网络连接，建立可靠的 TCP

连接。当采集器中未读数据组数不为 0 时，将会根据设定的主站是否空闲时间间隔向上位机发送问询命令，具体的命令格式可见协议，若上位机能够应答，则采集器会上传未读数据，采集器上传数据后将等待上位机回复的应答信息，若上位机不应答，则采集器将会以间隔为 10s 重发数据，最多再发送 3 次，若上位机应答，则采集器继续上传数据，直至将未读数据全部上传完毕。需要注意的是，在进行历史数据查询时，如果此时正在进行数据的主动上传，主动上传会暂时中断，等待历史数据查询完成后，再进行上传数据。

（6）采集失败报警。在规定时间内，未采集到数据的终端会进行补采；当出现全部或某一设备通讯失败，将会出现采集失败报警，Modbus 协议下在存储时在此数据段填补 FF 为对齐数据长度，采集失败报警在上位机不应答的情况下共发送 5 次，时间间隔为 10s，如上位机应答则将停止发送。

3.4 农业物联网接入中间件测试

为了测试所设计实现的接入层网关的功能，设计了由远程终端、服务器、无线路由器、网关、ZigBee 感知网络、RFID 识别网络及 485 总线网络组成的系统测试平台。网关经配置后连上数据服务器，通过终端 PC 上的上位机程序对各异构网络节点进行远程访问和控制测试，如图 3-14 所示。

图 3-14　测试软件主界面

Fig. 3-14　Software Main Interface

网关设置及通信测试软件分五大功能区：基本设置、指令配置、实时数据、历史数据和控制设置，每个功能区又有若干不同功能。基本设置功能区主要用来设置网关各通道的相关基本参数，如设备地址、校时、工作模式、上报和采集间隔，以及 GPRS、网口基本信息等。指令配置功能区用来设置采集器需采集的终端或仪表指令等。实时数据显示区用以接收实时数据并显示。历史数据功能区主要用来查询读取历史数据。控制设置功能区用以设置执行设备动作条件，分为自动控制设置及人工控制设置。

3.4.1 基本设置

基本设置包括串口设置、GPRS 地址设置、以太网口设置、网络心跳包设置、网络注册包设置及其他相关设置。如图 3-15 所示，串口设置主要根据串口号、波特率、校验位、停止位、数据传输方向（上行、下行）及设备新地址进行设置。需要注意的是，下行通讯口波特率和校验方式要同所采终端或仪表相同，否则无法通讯成功。

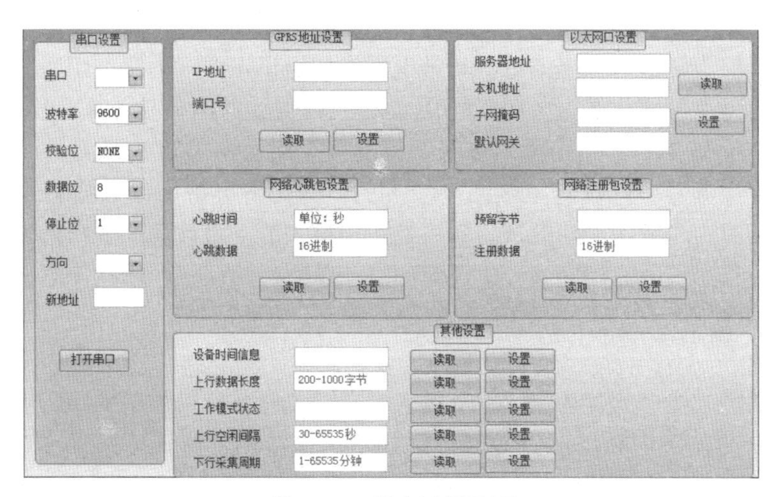

图 3-15　基本设置界面

Fig. 3-15　Basic Setting Interface

当用户选择使用 GPRS 方式与服务器进行通信时，需要配置 GPRS 选项，主要包括连接的远端服务器地址及端口号进行相应的读写配置，配置完成后请读取确认是否配置成功。有条件的使用环境中可以选择以太网口配置，有线网口通讯可以建立一个连接，相应的配置操作类似于对计算机的配置操作，包括设备自身 IP 地址、端口号、默认网关及子网掩码的配置，还包括远端服务器的 IP 地址和网口号的配置，配置完成后请读取确认是否配置成功。网络心跳包的设置对于 GPRS 和网口的配置是通用的，网络心跳包的设置可用于建立网络连接后按照设定的时间间隔往服务器发送特定内容的心跳数据，以保证在没有数据往来的情况下服务器可以监视设备的在线情况。网络注册包的设置对于 GPRS 和网口的配置是通用的，网络注册包用于第一次成功与服务器建立网路连接后设备往服务器发送特定的网络注册数据，可用于通知服务器设备已上线。

设备时间信息用来读取或设置网关的系统时间，设置时会自动读取当前计算机系统时间，需注意计算机时间是否正确。上行数据长度主要指网关与上位机数据交互过程中最大传输字节数，取值范围 200～1 000字节，默认 800 字节。需要注意的是，设置的参数不得小于下行配置终端或仪表的总返回数据长度 L+18，如果小于 L+18，网关将按 L+18 字节与上位机进行数据交互。工作模式状态功能用来设置网关的两种工作模式，正常工作模式和透明转发模式。默认值为正常模式，即网关按照设定的下行采集周期对下行终端或仪表数据进行采集并存储传输。透明转发模式时网关不主动采集、存储数据，该模式可用来进行通讯验证。验证时，可使用通用的串口调试助手等工具，通过上行通讯口对下行口设备进行数据测试，正常返回说明通讯正常。上行空闲间隔用来查询上位机是否可接收数据的时间间隔读取或设置，时间单位为 s（秒），取值范围为 30～65 535s。当网关中有未上报的数据时，网关将按设置的时间间隔询问数据服务器，待收到正确回复应答后，网关将会把未读数据分组分包发送。上报时，先发送最新数据，然后发送最早未能上报数据。下行采集间隔即正常采集模式下的时间间隔，单位为 min（分钟），取值范围为 1～65 535min。

3.4.2 指令配置

用户进入指令配置功能区，可用来配置网关对各接口数据采集所需要的相关指令，现有标准 Modbus 协议和 DL/T645—2007 两种协议可选，所要配置的功能码请参考标准协议，其中 Modbus 只支持 03 功能码。如图 3-16 所示，保存配置用来存储一个终端的配置命令到配置软件缓冲区列表。清除数据用来清除配置区的全部数据。读取按钮用来从采集器读出已配置命令。设置按钮把缓冲区的命令配置到采集器。清空按钮清空采集器已配置命令。

下面以 Modus 协议配置为例介绍各选项含义。在指令配置时，选择 Modbus 协议后，协议配置界面如图 3-16 所示。配置时，按照 Modbus 标准协议所需填入终端地址（16 进制数据，一般为 0x00～0xFF）、起始寄存器地址、连续的寄存器个数、起始位、结束位，在配置所需终端或仪表指令后，点击设置把命令列表的数据下发到网关并以配置文件的形式存储于网关。

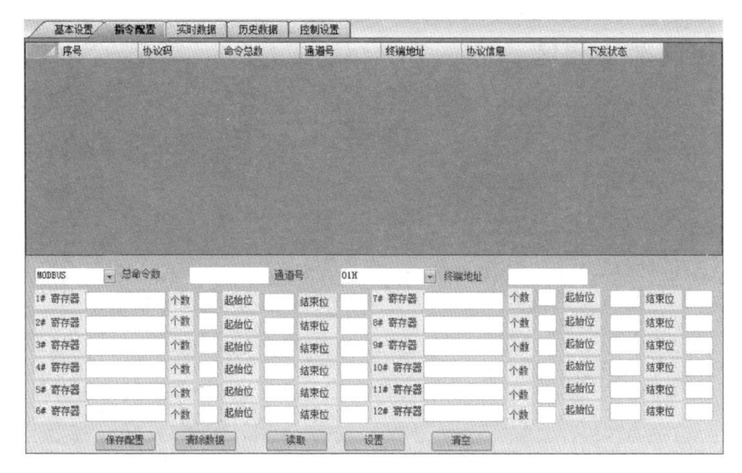

图 3-16　指令配置

Fig. 3-16　Instruction Settings

3.4.3　历史数据查询

历史数据查询将对网关上所存储历史数据进行查询操作，返回最新未同步数据，并根据设置的“上行数据长度”中的长度设置进行分包传送。读历史数据时，具有数据重发功能，时间间隔为 10s，最多重发 3 次；在有响应时，网关会继续将剩下数据上传至数据服务器，完成数据的交互过程，如图 3-17 为查询到的 ZigBee 感知网络中节点数据。

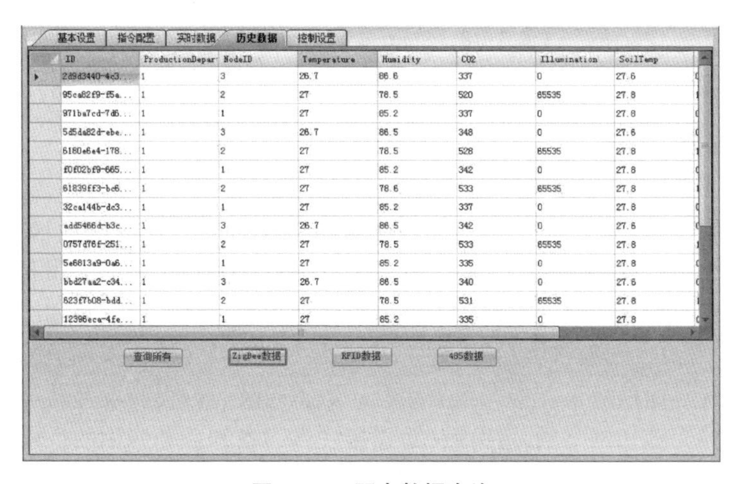

ID	ProductionDepar	NodeID	Temperature	Humidity	CO2	Illumination	SoilTemp
2d9d3440-4c3...	1	3	26.7	86.6	337	0	27.6
95ca82f9-f5a...	1	2	27	78.5	520	65535	27.8
971ba7cd-7d6...	1	1	27	85.2	337	0	27.8
5d5da82d-ebe...	1	3	26.7	86.5	348	0	27.6
6180e6e4-178...	1	2	27	78.5	528	65535	27.8
f0f02bf9-665...	1	1	27	85.2	342	0	27.8
61839ff3-bc6...	1	2	27	78.6	533	65535	27.8
32ca144b-dc3...	1	1	27	85.2	337	0	27.8
add5466d-b3c...	1	3	26.7	86.5	342	0	27.6
0757d76f-251...	1	2	27	78.5	533	65535	27.8
5e6813a9-0a6...	1	1	27	85.2	335	0	27.8
bbd27aa2-c34...	1	3	26.7	86.5	340	0	27.6
623f7b08-bdd...	1	2	27	78.5	531	65535	27.8
12396eca-4fe...	1	1	27	85.2	335	0	27.8

图 3-17　历史数据查询

Fig. 3-17　History Data Query

3.4.4 控制配置测试

控制配置测试主要用于对生产车间内的排气扇、喷淋、加湿、制冷等环控设备进行控制测试，主要分为手动控制设置和自动控制设置两种模式。手动控制模式根据生产管理人员的经验现场判断并控制设备的开启和关闭，自动控制模式可以根据预先设定的最高值和最低值进行设备的自动控制，控制测试界面如图 3-18 所示。

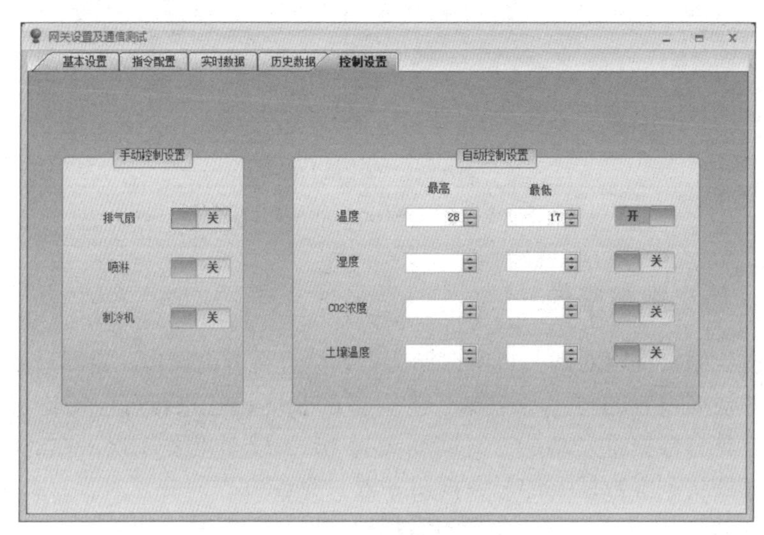

图 3-18 控制测试界面

Fig. 3-18 Control Testing Interface

3.5 本章小结

针对底层感知设备的功能、接口和数据传输协议等都存在着明显差异，导致在上层软件设计和系统集成时无统一标准可循，制约了技术应用和产业迅速发展问题，设计了农业物联网接入层系统结构，包括接口层、驱动层和嵌入式中间件层，保证了架构的可扩展性、可伸缩性和松耦合性，实现了感知终端数据采集配置、通信协议转换、数据融合、数据封装、数据转发等功能，有效屏蔽了底层异构感知网络的复杂性，是连接硬件设备和业务应用的桥梁，为农业物联网业务应用的快速建立提供了基础。

4　面向服务的农业物联网数据共享架构设计与实现

4.1　引言

随着科学技术在农业各领域的广泛应用，农业生产逐渐走向数字化时代。特别是物联网技术在农业中的推广应用，使得农业感知数据呈现爆炸式增长，表现出来源广泛、种类繁多、数据量大、内容格式多样、管理复杂等特点(赵胜钢，2009)。如果将这些海量的原始数据直接发送给上层应用，不但会导致网络带宽的拥堵和资源浪费，而且由于数据的复杂性，普通用户难以直接进行有效利用，使得用户体验降低。同时各农业物联网系统都是独立建设的，系统之间存在较大的异构性。这意味着这些设备和业务平台都是异构化、垂直化和碎片化的，使得企业之间的数据共享和服务协同变得非常困难，形成了诸多“信息孤岛”。此外，农业数据用户对数据共享服务的要求是多样的，也是不断变化的。如何对农业生产中产生的这些数据进行处理，为用户提供数据查询、数据导航、数据下载、数据应用等共享服务，提升基本数据服务的复用性，降低农业物联网上层应用的构建门槛，是农业物联网数据共享设计的根本目标，也是研发农业物联网数据共享服务系统的根本目的。

为此，2013 年《国务院关于推进物联网有序健康发展的指导意见》指出应强化资源整合，促进协同共享。重视信息资源的综合利用和智能分析，避免以往只重视数据采集过程，忽略了数据处理和综合应用。应充分利用现有的网络基础设施和公共通信资源开展物联网应用，形成信息系统间的互联互通、业务协同和资源共享，从而有效避免形成新的“信息孤岛”。《“十三五”全国农业农村信息化发展规划》中也强调应坚持共建共享，进一步推动建立信息系统互联互通、数据资源开放共享、业务工作协同创新的格局。

本章在总结已有各类农业数据共享服务系统的基础上，针对企业频繁变更的业务流程，导致企业之间及企业内部新旧系统之间的互联互通和数据共享变得非常困难，形成了诸多“信息孤岛”问题，通过深入分析农业物联网数据共享服务的需求，总结面向服务的架构及其实现方法，提出一种面向服务的农业物联网数据共享架构，为快捷方便的研制分布式、综合服务集成的农业物联网应用系统奠定基础。

4.2 相关技术

4.2.1 面向服务的架构

4.2.1.1 面向服务架构含义

面向服务的架构（Service-Oriented Architecture，SOA）的概念最早在1996年由Gartner公司提出，Gartner公司在2002年进一步认为SOA是现代应用开发领域最重要的课题，并预言SOA将结束传统的整体软件体系架构长达40年的统治地位，成为占有绝对优势的软件工程实践方法。SOA提出的目的是企业想兼容历史遗留的软件系统，实现业务数据的无缝对接，特别是当客户业务应用发生改变，不得不进行新的投资改造时，软件可以直接兼容第三方软硬件设备，从而让新旧系统都能变得更加灵活、具有更强的可扩展性，实现企业资源的随需共享（蔡昭权，2008）。从总体上讲，SOA的目的是将业务系统能力分解为粗粒度、松耦合和可复用的服务，只需通过不同粒度服务之间的调用、组合即可建立分布式共享的应用系统，而不用关心底层编程和模型构建。随着SOA的应用发展，许多组织从不同的角度和侧面对SOA进行描述，典型的有以下几个。

Garter认为，一个应用软件包含软件服务使用者和软件服务提供者两方面，而SOA正是这种客户端/服务器（C/S）的软件设计方法。SOA与大多数通用的客户端/服务器软件模型的差别在于它重点强调了软件组件应使用独立的标准接口，从而使建立的系统具有松散耦合性。

BEA认为，SOA是一个基于标准的组织和设计方法，它利用一系列网络共享服务，使IT能更紧密地服务于业务流程。通过使用技术构架为新业务系统的构建提供统一的、标准的界面，从而屏蔽复杂的技术实现细节，进而提高IT资产的重用率，缩短了业务服务的开发周期，节约了开发成本。

W3C认为，SOA是一种应用程序体系结构，该体系结构中所有功能都被定义为独立的服务，并且通过定义良好的契约和接口使服务之间联系起来，还可以通过定义好的顺序依次调用这些服务形成业务流程。

Service-architecture认为，一个服务实质是一个函数，该函数定义精确、封装完善并且不受其他服务所处环境和状态的影响，而SOA的本质就是这些服务的集合，服务之间通过某些方法建立连接，之后可以在各服务之间进行简单的数据传输或者几个服务协调活动。

到目前为止，对于 SOA 的定义没有被广泛认可的权威观点，事实上也不可能形成严格意义上的统一，但从以上组织、企业对 SOA 的阐述可以看出，SOA 其实就是一种架构 IT 系统的方法，在这种架构方法中服务是其最核心的思想。服务是系统的基本元素，能够在不同业务过程中被重复使用，服务之间通过简单、精确定义的接口进行通信，最重要的是接口的实现独立于编程语言、操作系统及硬件平台。

4.2.1.2 SOA 服务及服务粒度

从以上观点得出，服务是 SOA 的核心思想，在 SOA 中的服务是指能够处理一些任务过程的动作的抽象概念，主要有操作、服务和业务流程 3 个抽象级别，最底层的操作代表了单个逻辑单元的事物，通常包括增加、删除、修改、查找等，执行操作通常会引起持久性数据的改变；第二层的服务代表了操作的逻辑分组，是把功能相同，只是面向的业务对象不同的基本服务集合起来，对外形成一个统一的接口；最高层的业务流程服务则是为了实现某个特定业务目标而长期固定执行的一组动作和活动。基于 SOA 构建的 IT 应用系统，有利于对服务进行组装和编排以满足业务和流程的变化需求。而对于一些遗留系统来说，经过服务封装后也具有了更好的可重用性，当对系统进行升级时，只需要升级单个服务而无须重写整个应用，给企业构建新的应用程序和业务流程提供了更好的灵活性。

服务的粒度是一个服务的大小，更准确地说是服务所包含的操作的数量，一般分为粗粒度和细粒度两种。细粒度服务操作的范围窄而简单，所实现的功能单一，适合于服务提供方内部的管理与调用。越细粒度的服务，其功能越具体，服务的接口更接近底层的系统组件，服务也越容易被复用。细粒度服务对于专业用户来说增强了服务调用的灵活性，对一般用户来说则增加调用难度。粗粒度服务操作内容广而复杂，所实现的功能也越强大，适合于服务提供方向外部合作伙伴提供服务接口。服务的粒度越粗，服务包含的操作数量越多，服务接口越接近上层使用者，方便用户理解和调用。

目前没有可用于确定服务粒度的简单启发式方法，从服务的 3 个抽象级别将可服务划分为基本服务、合成服务及组合服务 3 个层次。服务提供者给出的最小粒度的服务为基本服务，也叫做原子服务，位于服务层次结构的最下面一层，功能不可分割，基本服务的内部封装了实现特定功能的具体操作。合成服务是基本服务的简单组合，也可以叫做粗粒度服务，是把功能相同、面向的业务对象不同的基本服务集合起来，对外形成一个统一的接口。组合服务是服务提供者给出的功能最强大的服务，是最大粒度的服务，是基本服务与工作流程的结合，工作流用以控制组合服务里的所有基本服务的关系。随着流程服务的不断增加，业务服务和组合服务本身的可重用性将直接影响到系统本身的复杂度和管理难度。

4.2.1.3　SOA 参考模型

通常在 SOA 的体系架构中包含服务注册中心、服务提供者和服务请求者 3 种角色（陈玲姿，2012），如图 4-1 所示。

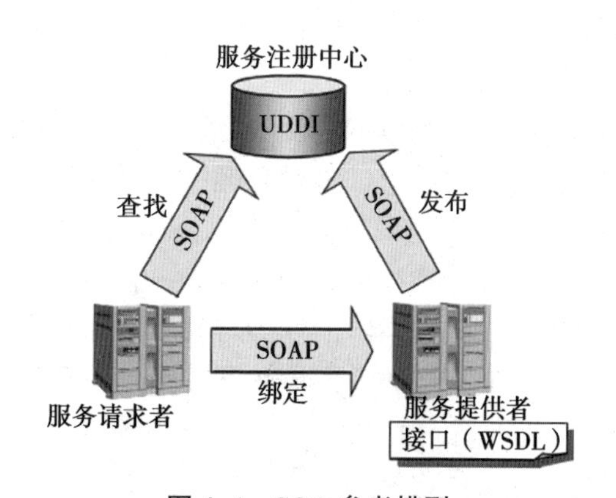

图 4-1　SOA 参考模型

Fig. 4-1　SOA Reference Model

（1）服务提供者首先使用 WSDL 文档对服务接口进行准确、详细的描述，包括服务的位置、服务的具体操作及如何访问服务等信息，然后在服务注册中心发布该服务后就可以响应来自服务使用者的请求。

（2）服务注册中心是服务提供者和服务请求者之间的纽带，相当于一个可供搜寻的目录，允许在该目录中进行服务发布和服务查找。在某些情况下，服务注册中心是整个模型中非必要的选项，只要服务提供者和服务请求者之间可以使用静态绑定模式，就可以直接发送描述。

（3）服务请求者是服务的使用者，可以是软件模块或应用程序，抑或是请求某服务的另一个服务，使用者通过搜索服务注册中心检索到相应的服务，然后通过接口契约执行服务。

3 个基本角色之间的相互联系依靠 3 个基本操作，即查找、绑定和发布。

发布（publish），该操作指服务提供者实现服务后利用 WSDL 生成对服务的描述，之后在 UDDI 注册中心注册的过程。注册信息包括服务是身份、位置、绑定、方法、配置、方案和策略等描述性属性。在发布过程中，用户需要登录注册中心服务器，只有授权通过才能发布或修改服务的描述信息。

查找（find），是服务请求者定位服务的过程，请求者首先需要从服务代理处进行查询操作，看能否找到满足其标准的服务。在查找操作中，一般包含两种查询模式：一种是精确获取模式，请求者通过使用精准的检索词能够一步到位获取到准确的、唯一的服务描述；另一种是浏览模式，在该模式下用户可以使用一些常用分类标准用词或其他非准确性关键词来检索，并在找到的结果中进一步查找，直到查询结果满意为止。

绑定（bind），是服务请求者与服务提供者之间建立联系的过程，服务请求者在服务注册中心查找到需要的服务后，需要与该服务建立联系，联系的建立就是通过服务提供者在服务注册中心发布的 WSDL 服务描述文档。绑定通常有动态绑定和静态绑定两种方式，区别是动态绑定需要经过服务注册中心，而静态绑定不需要。

4.2.2 Web 服务

SOA 是一种面向服务的架构，其具体实现技术目前主要包括分布式对象请求（CORBA）、面向消息中间件（MOM）、Web 服务（Web service）、事务处理监控器、内部自行开发的中间件及 B2B 平台等（陈玲姿，2012）。由于 Web 服务所具有的平台无关、标准中立等特点，使其成为 SOA 实现技术中最主流的解决方案。

为了实现采用不同组件模型、编程语言和操作系统的信息系统之间相互的数据交换，Web Service 需要有一系列完整的协议规范来用于沟通（赵万青，2012）。Web 服务涉及的最基本技术规范包括 SOAP、WSDL 和 UDDI 、XML 等。Web 服务协议栈如图 4-2 所示。

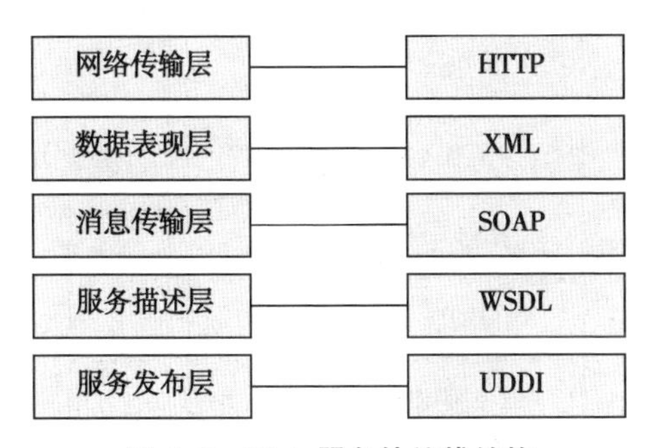

图 4-2　Web 服务协议栈结构

Fig. 4-2　Web Service Protocols

WSDL 是关于 Web 服务的接口的详细描述文档，UDDI 是服务注册中心，用来发布并存储服务供服务请求者查找和使用，SOAP 是服务请求者与服务提供者之间的交流消息的约定，消息通过网络传输层的 HTTP 协议进行传输，

WSDL、SOAP 和 UDDI 都是 XML 格式的文档。

4.2.2.1　SOAP 协议

SOAP（Simple Object Access Protocol，简单对象访问协议）是一个基于 XML 和 HTTP 的轻量级分布式计算协议，它不但可用于远程过程调用，而且还可以作为服务提供者和使用者之间传送各种请求和应答数据的通用消息处理框架。

SOAP 协议由 SOAP 消息头（SOAP Header）、SOAP 消息体（SOAP Body）和 SOAP 信封（SOAP envelop）3 部分组成。

SOAP 信封是该消息的根元素，用来表明 XML 文档的类型，其内部包含了可选择的 SOAP 标题和一个必选的 SOAP 主体。SOAP 标题是可选项，但是如果要用，则需要紧跟在 SOAP 信封元素之后，SOAP 标题中不仅可以放入来自其他命名空间的任意数量的元素，而且也可以用来存放路由信息、安全性和可靠性控制等信息，为 SOAP 提供了一种扩展机制。SOAP 消息体中放置描述应用入口调用和响应的各种数据，它包含的内容可以根据不同的应用而变化。如果有消息头元素的话，则消息体元素应紧跟在消息头元素之后。

4.2.2.2　WSDL 协议

WSDL（Web Service Deseription Language，Web 服务描述语言）以 XML 格式详细地描述 Web Service 的接口，它描述了 Web 服务的 3 个基本信息：①服务位置，即服务位于何处，服务协议所处的网络位置。②服务方式，即如何访问服务，与服务交互的数据详情格式以及必要协议。③服务内容，即服务做些什么，服务所提供的操作方法。

WSDL 从具体和抽象两个层面来描述 Web 服务，如图 4-3 所示。

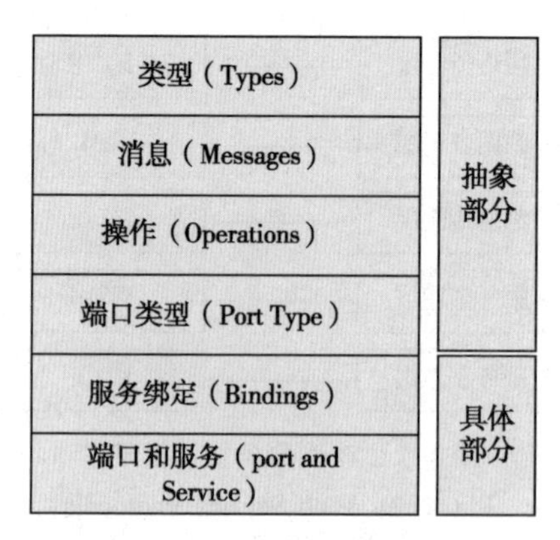

图 4-3　WSDL 文档结构

Fig. 4-3　WSDL Document Structure

WSDL 具体描述部分包括端口和服务（Port and Service）、绑定（Bindings）两部分。而抽象描述部分则由端口类型（Port Type）、类型（Types）、操作（Operations）和消息（Messages）4 部分组成。

这些组成元素的含义如下。

（1）Service（服务）：相关服务访问点的集合。

（2）Port（端口）：指定用于绑定的地址及服务访问点。

（3）Binding（绑定）：隐含了如何将端口类型转变为具体表示的细节，即数据格式规范和特定端口类型的具体协议的绑定。

（4）Port Type（端口类型）：描述了一组操作，每个操作指向一个输入消息和多个输出消息规范。

（5）Operations（操作）：用来抽象描述服务中能够实现的操作，包括操作名称、操作需要的输入消息名称和输出消息名称，使用 message 来描述。

（6）Messages（消息）：是指通信过程中所用消息数据结构的抽象化定义。整个消息的数据结构由 Types 所定义的类型来定义。

（7）Types（类型）：数据类型定义的容器。通常使用 XML Schema 中的类型系统（郭强，2012）。主要用来描述服务接口名称、输入详细信息、响应信息及其详细信息。

4.2.2.3 UDDI 协议

UDDI（Universal Deseription Discovery and Integration，通用描述、发现和集成）提供了一组基于标准的用以描述服务和发现服务的规范，通过这个规范，服务提供者可以描述其服务的功能和实现过程，服务请求者因此可以通过 UDDI 检索并使用 Internet 上的 Web 服务。

UDDI 是一个独立于平台的框架，由一系列文档组成。它包括许多规范，这些规范描述注册表如何存储数据以及如何被访问，以下是其中的 4 个主要规范。

（1）程序员的 API 规范，文档详细定义了程序员 API。包含访问 UDDI 注册表的方法，有发布 API 和查询 API 两种类型。发布 API 用以创建各种类型的工具，与 UDDI 注册中心的通信过程主要使用这些工具进行。查询 API 又分为两个部分，一部分在 Web 服务出现错误时使用，另一部分被用来构造搜索和浏览 UDDI 注册信息的程序。

（2）操作员规范，制定了数据安全和数据管理的策略，它规定了能够执行或者运行 UDDI 注册表的对象。UDDI 商业注册中心会跟踪所有用户创建的数据，并且只有经过授权的用户才能对 UDDI 商业注册中心中的数据进行发布或修改。

(3) 复制规范，描述用于运行新的注册表或与其他注册表集成时注册表之间的信息如何复制。

(4) 数据结构规范，是对存储于 UDDI 里的数据类型的详细描述。UDDI 数据结构是以 XML 格式来描述的，该规范作为一个单独的文档在 UDDI 的 Web 站点上发布。

UDDI 注册中心包含了对 Web 服务所支持的因行业而异的规范、标识系统（用于对于企业很重要的标识）的引用以及分类法定义（用于对于企业和服务很重要的类别），并且给出了通过程序手段可以访问到的企业支持的服务所做的描述。UDDI 定义了与注册中心的通信规则，提供了一种编程模式及模型。UDDI 规范中所有消息都包装在 SOAP 消息信封中，使用 HTTP 协议来传输。客户端与服务注册中心之间的消息流动过程如图 4-4 所示。

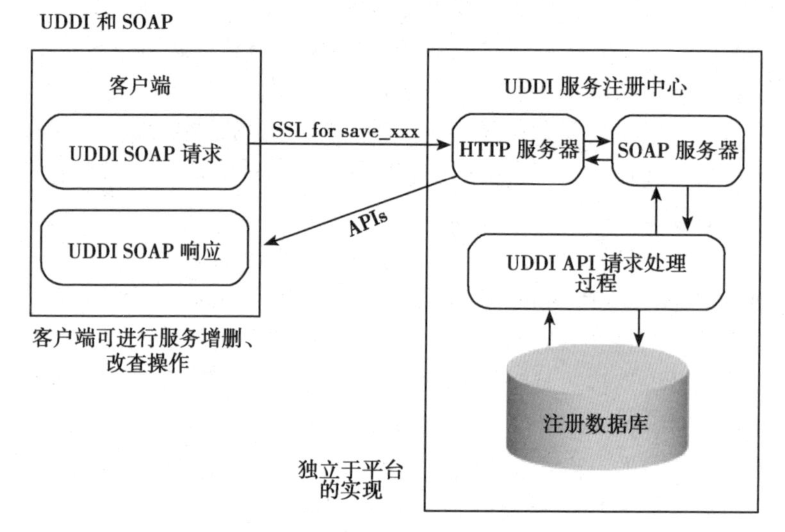

图 4-4　UDDI 消息流动过程

Fig. 4-4　UDDI Message Flow

4.2.2.4　XML 协议

XML（eXtensible Markup Language，可扩展标记语言）是一种具有可扩展性、高度结构化及强大数据表述能力的标记性语言。XML 的数据结构是通过自我描述方式定义的，具有良好的平台和应用程序无关性，保证了用于数据存储和数据交换时的一致性。

XML 被设计用来存储并传送数据信息，而不是用来表现或展示数据，HTML 语言则用来表现数据，因此 XML 的出现是对 HTML 的补充，主要用于交换数据。XML 有 XML Schema 定义和文档类型定义（DTD）两种方式，DTD 定义了文档的语法和规则以及文档的整体结构，具有丰富的支持工具和广泛的应用。Schema 模式的文档是一个独立于 XML 文档的扩展名为 .xsd 文本文件。XML Schema 被用于定义管理信息等更丰富、更强大的特征。使用 XML 可以方便地进行数据交流和共享，还可以很好地兼容现有协议，如 HTTP 传输协议及 DOM、XSLT、SAX、Xpath 等访问 XML 文档的标准 API。

4.3 面向服务的农业物联网数据共享平台设计

近年来，随着 Web2.0 的广泛应用，Internet 环境下农业行业应用的集成方式逐渐从系统集成模式转向服务集成模式。服务是 SOA 的核心思想，在 SOA 架构中服务以松散耦合的粗粒度为基本单元，通过服务之间的组合调用实现新的功能集成，提升了基本数据服务的复用性，降低了农业物联网上层应用构建的门槛，同时所建立的系统具有良好的跨平台、可扩展特性，为解决历史遗留系统存在的“信息孤岛”问题提供了有效解决方案，提升了农业物联网数据资源和服务的可共享程度。因此国内外研究人员开展了广泛的研究，面向服务的架构在精准灌溉、WebGIS 等领域取得了较好的应用效果。

Xu 等（2011）研究了精准灌溉技术的发展方向，对现有的灌溉决策支持软件进行了分析，提出基于 SOA 架构的集成多领域、多种作物通用的决策模型，满足了不同用户的精准灌溉需求。傅兵（2012）以面向服务架构为基础，研究了农业模型组件管理与复用、Web 服务组合、作物模型与农业经济效益模型等关键技术，并研制了集成农业模型和 WebGIS 服务的数字农务系统。姜海燕等（2012）针对作物模型与 GIS 集成中存在着功能重复开发、模型共享困难以及地理信息处理功能的在线能力有限等问题，以面向服务架构为基础，设计了作物模型区域应用 Web 服务组合框架，开发实现了土壤和气象数据查询、空间插值分析、地图数据上传发布和栽培方案设计等服务功能。Murakami 等（2007）对精准农业信息系统进行了分析，指出了当前存在的问题，设计了面向服务的分布式系统参考架构，并通过产量数据过滤原型的实现验证了该架构。Yu 等（2007）开发了气象数据与作物数据集成共享系统 CROWIS，用户可以上传电子表格数据，使用系统的模型服务进行相关计算，并下载融合之后的数据。姜洋等（2012）、王清辉等（2012）提出了基于 SOA 的农产品质量安全追溯系统架构，分析了农产品追溯业务流程，设计了质量安全追溯的相关服务，实现了农产品生产、流通各环节各主体间信息传递的有效连接。Duan（2012）分析了农业信息管理系统现状和存在的问题，提出了基于 SOA 的农业物联网信息管理系统集成方案，指出 SOA 是信息资源整合管理的有效解决方案，是农业信息产业与 IT 产业融合发展的方向。

通过以上研究可以看出，采用 SOA 架构的农业信息系统方便地为用户提供了在线服务，实现了农业各系统之间的互联互通和分布式数据共享。但总体来看，大量的异构农业信息资源依然分散在不同的研究单位和管理机构，传统的信息集成技术利用点对点接口程序实现信息交换和共享（郭文越等，2010），虽然解决了集成中信息的分布式与异构性问题，却没有综合考虑与业务逻辑的关联，忽略了已有服务的调用及组合，无法适应企业业务流程频繁变更的需要。

4.3.1 系统架构设计

针对农产品全过程质量安全追溯过程中，各阶段多源异构数据的处理、分析及服务共享的需求，本章基于 SOA 架构思想，结合已有的农业物联网数据处理相关技术，以食用菌全程质量安全追溯为例，提出了一种基于 SOA 的农业物联网数据共享服务架构。通过对食用菌工厂化生产业务流程进行调研和分析，划分出不同粒度的各类服务，通过服务的发布实现农业生产数据的共享利用，当企业业务流程需要优化变更时，可方便地调整上层应用程序对相关服务的调用，提高服务的可重用性和共享性。具体服务架构如图 4-5 所示。

系统的总体架构分 4 层，即异构资源层、服务提供层、业务流程层和数据应用层。

异构资源层主要用于存放与食用菌生产各环节相关的监测数据，这些数据既包括食用菌生产产前操作记录数据、食用菌出菇阶段生长环境数据、食用菌采收后流通销售环节数据及来自监管部门的审批数据等结构化数据，也可以包括视频、图像、文档等非结构化数据，不同环节可能采用不同的数据库技术，可以集中存放，也可以采用分布式数据库方式。

服务提供层是 SOA 体系架构中承上启下的关键一层，它向下与异构资源层交互，提供异构数据适配服务；向上为业务流程层提供基本的服务，包括数据操作服务、数据模型服务、数据视图服务及服务的注册、查找、调用等功能性服务，还包括安全管理、服务管理等非功能性服务。所有服务存储于 UDDI 注册中心服务器，各个服务按照 WSDL 描述文档来实现具体操作。

业务流程层包含了系统的业务流程，往往是整个系统架构中最复杂、最重要的一层。该层应重点关注细粒度的数据资源服务和粗粒度的组合服务之间的边界，该层的输出为粗粒度的 Web 服务资源，称之为业务流程服务（Business Process Service，BPS）（吴振宇，2013）。业务流程层接收数据应用层的服务请

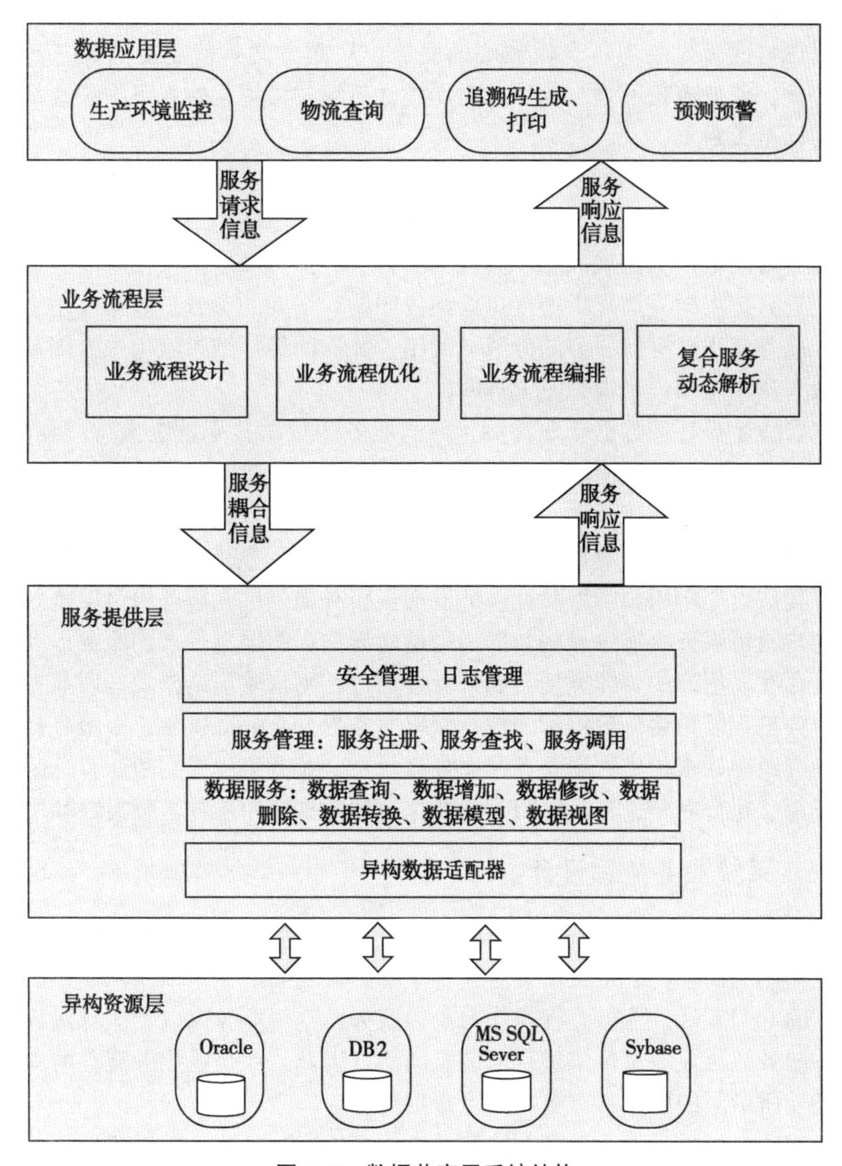

图 4-5　数据共享层系统结构

Fig. 4-5　Data Sharing Layer Structure

求，根据业务流程模型将综合服务进行分解，并将所得各粒度服务发送至服务提供层请求服务，服务提供层根据各服务的操作要求，返回相应数据，业务流程层收到全部粒度服务的响应后再根据业务流程模型组合成一个综合响应服务返回给数据应用层。当企业业务流程发生变动时，只需要将新的业务流程注入此层，即可实现业务流程控制的不同粒度服务之间的编排和调用，新的业务流程也可以再次被封装为一个粗粒度的服务，从而方便其他需要的业务流程调用。因此，业务流程的划分和编排对所建立系统的松耦合性、可维护性及服务可重用性至关重要。

数据应用层汇聚不同功能的业务模型，包括生产环境监控、物流查询、追溯编码生成、打印、各环节预测预警等业务模型。不同的用户登录时，可根据预先配置好的用户工作项服务及其流程编排，有针对性地提供相应的客户端界面。用户只需根据界面提供的接口详细说明输入正确的参数，数据应用层会自动转入业务流程层进行服务的分解与调用，并返回最终结果给用户，因此该层所有服务调用对用户来说是完全透明的。

以农业生产环境数据获取为例，面向服务的数据共享系统执行流程如下：终端用户通过客户端向应用服务器请求农业生产环境监测历史数据，数据应用层将此请求转发业务流程层，业务流程层对此请求服务进行业务分解，包含用户类型验证服务和历史数据查询服务。由于这两个服务是顺序执行关系，因此业务流程层首先将用户类型验证服务发送至服务提供层，服务提供层查找并绑定该用户验证服务，通过异构数据适配器向异构资源层进行查询服务以验证用户是否存在及用户的具体类型，如果验证通过，则将验证结果发送回业务流程层，业务流程层再将分解得到的数据获取服务提交服务提供层，由服务提供层向异构资源层请求历史数据并返回业务流程层，业务流程层判断所有分解得到的服务都已执行完毕，将最终得到的数据返回数据应用层并呈献给终端用户。

4.3.2　系统业务流程设计

业务流程（Business Process，BP）是一组将输入转化为输出的相互关联或相互作用的活动，它定义了业务模型里各组件之间的关系以及同业务模型进行交互的专门方法。业务流程操作对象为服务，整个业务流程的执行过程就是对各种服务按照业务逻辑来进行组装及调用。因此，对企业业务流程的深入理解才能使所定制的服务具有更好的可重用性。

食用菌全程质量安全追溯系统涉及食用菌生产、流通、销售各环节的服务需求，因此在追溯系统开始实施前，SOA 架构人员需要对企业的产前、产中、产后等各环节流程进行分析，确定各服务的大小及其之间的关系，根据企业的实际需求，为企业量身定制面向服务的食用菌质量安全追溯系统。本章根据食用菌相关的行业标准及食用菌工厂化生产企业的日常业务流程梳理出食用菌生产流程如图 4-6 所示。

从食用菌生产流程出发，结合良好农业规范（Good Agricultural Practices，

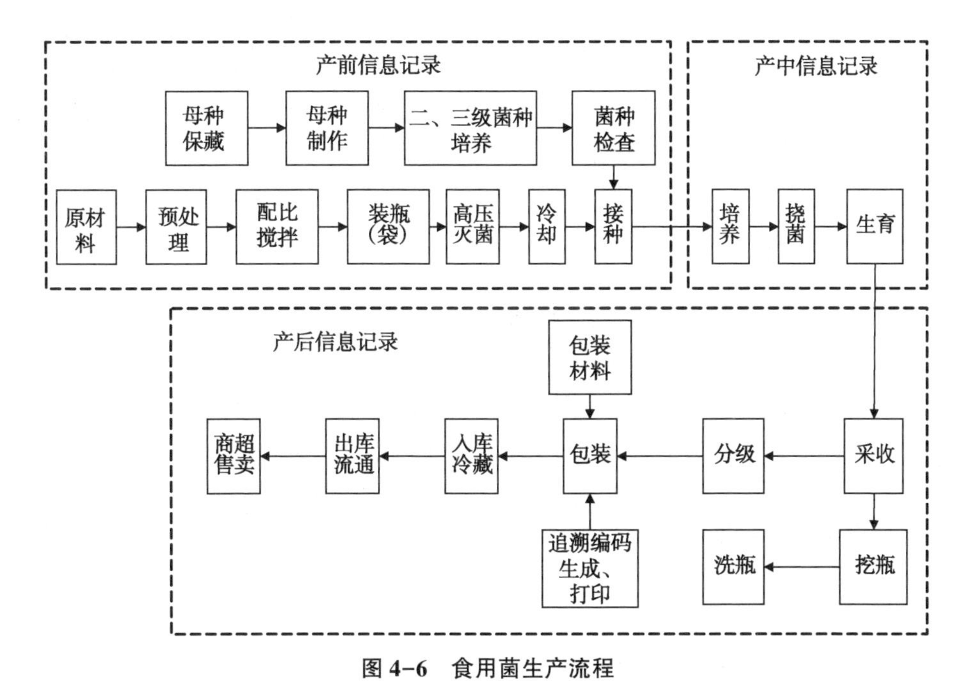

图 4-6　食用菌生产流程

Fig. 4-6　Edible Fungi Production Process

GAP）和危害分析与关键控制点（Hazard Analysis Critical Control Point，HACCP）的基本原理，确定了影响食用菌产品安全和品质控制的关键点，包括原材料、灭菌、菌种、接种、培养、生育及流通 7 个环节，同时设置各环节关键限值，当关键限值发生偏离时，需要采取纠偏行动并进行安全评估。原材料安全包括所采购的原材料的新鲜程度、是否存在霉变、农残、重金属是否超标以及最终培养基的酸碱度、含水量等（李广明等，2006；陈继红等，2008）；原材料配制完成装瓶或装袋后需在 120℃ 高温下灭菌 60min 以上，实际操作中应根据灭菌效果进行灭菌温度和时间等参数的设定；菌种制作是整个生产环节中的关键步骤，一般采用三级制种方式，扩大菌种培养，在整个菌种制作过程中应保持严格无菌操作，接种前对菌种进行检查记录；接种同样需要在无菌环境下进行，可选择手动或机械化接种，并记录接种环境中孢子、灰尘颗粒等数量；培养阶段应保持环境的清洁，让菌丝的萌发不受其他微生物的影响，培养阶段的温度、光照、湿度等环境因子不尽相同，需要根据不同菌种进行调控参数的制定；生育阶段的环境条件直接影响食用菌子实体的生长和采收后的品质，一方面应根据食用菌的种类和品种，按照生长环境调控模型适当调控菇房的温度、湿度，并注意通风换气；另一方面应做好出菇期间的病虫害防治工作，出菇期药物防治应严格执行安全间隔期，同时做好各种投入品的使用记录；高温季节鲜菇采收后应存储在0~5℃的冷库中冷藏保鲜，因此，流通环节温度对食用菌的品质影响严重，需要采集冷藏车内的温度信息，同时记录冷藏车辆空间位置信息，对后期食用菌质量安全追溯提供准确来源信息。

综合以上7个关键环节的分析，可以将食用菌全产业链质量安全追溯系统涉及的业务归纳为以下几类。

第一类是基本数据业务，包括原材料安全数据、培养基质灭菌、接种数据、培养、生育环节环境影响因子数据、储运过程实时温度数据及位置数据、产前、产中、产后各环节投入品使用信息等，是其他各业务流程的数据来源。

第二类是组合模型业务，不同食用菌品种出菇期间对环境因子的要求各不相同，因此需要针对各品种的食用菌提供不同的菇房环境调控模型业务，调控模型需要调用菇房室内外的环境数据、当前执行器的状态等基本的数据业务来完成该模型的计算工作；对食品质量安全管理者来说，需要提供质量安全预报预警模型功能，该模型调用全过程投入品数据信息，特别是药物使用时间、使用量、间隔期等关键信息，结合消费者查询信息、咨询问题信息等，对可能发生质量安全问题的批次产品开展预报预警业务。组合模型业务以基本数据业务为基础，结合特定算法，完成比基本业务更复杂的业务功能。

第三类是综合管理业务，包括生产环节监控业务、质量安全追溯业务、质量安全监管业务等。生产环节监控业务包括产前各操作环节的记录数据业务、产中环境调控业务、生产进度安排业务、生产车间监控业务等；质量安全追溯业务包括追溯编码生成业务、追溯编码打印业务、追溯编码查询业务、食用菌物流信息业务等；质量安全监管业务包括食用菌按批次抽检业务、问题食用菌来源追查业务、问题食用菌去向追踪业务、对问题食用菌投入品信息的获取业务、质量安全预测预报业务、食用菌生产、销售统计分析业务等。以上三类综合管理业务需要以大量的基本数据业务和组合模型业务为基础，通过编排并依次调用来完成一个复杂的管理流程。

企业通过传感器网络、RFID等技术采集关键控制点上的信息，并存入资源层数据库，生产者可以通过数据中心提供的服务进行生产进度预测、生产过程动态管理等操作；管理者可通过数据中心的数据对问题产品、投入品使用等指标进行统计分析并有目的的针对某个批次产品进行检测；消费者通过手机客户端、自助查询机或网站等方式查询食用菌生产过程及相关参数。

4.4 服务设计与实现

4.4.1 服务设计

目前没有专门用来确定服务粒度的标准方法，对服务的设计主要考虑服务粒度问题。服务的粒度越粗，服务的抽象程度就越高，服务的功能更强大，服务越不容易复用。服务的粒度越细，服务的功能越具体，服务功能减弱，同时增加了服务的复用性。因此在选择服务粒度时，需要在服务的可维护性、可操作性和易用性等多个因素间进行折中。

为了提高食用菌全程质量安全追溯系统各个服务的可重用性，降低各模块之间的耦合性，根据以上分析的食用菌生产业务流程及需要重点监控的环节要素，可将基于 SOA 的食用菌质量安全追溯系统涉及的服务划分为基本服务、组合服务和综合服务 3 种类型。基本服务如整个追溯系统的信息采集服务，它包括产前人工录入数据、生产及流通过程中自动读取的数据服务等，为系统最细粒度的服务，实现系统中某个单一的功能。组合服务由基本服务按照简单业务逻辑组合而成的粗粒度服务，如追溯编码打印服务，首先按照一定规则动态生成追溯编码，然后调用通用打印服务，此过程为简单的顺序执行业务逻辑。综合服务是最大粒度的服务，使用顺序、分支、循环等结构化语法将复杂的业务流程进行分解并组合相关服务而形成。下面以出菇阶段车间环境调控为例，进行相关服务的设计与实现。

为了达到增加食用菌产量，改善品质，提高生产效益的目的，通常需要利用温室环境控制系统对食用菌生长环境进行人为调控（丁为民等，2009）。到目前为止，对温室温湿度系统的研究主要集中在建模上。Fathi Fourati 采用 ART2 分类器建立了温室系统的神经网络模型并对温室系统进行多神经网络控制。Gruber 等基于 Volterra 级数模型，采用自然通风的方式将模型预测控制的方法应用到温室温度系统中。左志宇等（2010）针对现有温室环境控制系统无法对下一时段温室温度进行精确预测的问题，提出采用时序分析法建立温度预测模型的方法。李迎霞等（2004）对智能温室环境控制算法进行了分析，提出了今后可能的发展方向。袁洪波等（2015）针对温室控制算法复杂程度较高，实际应用困难的问题，提出了基于温度积分的环境控制算法，简单有效的实现了节能控制。唐卫东等（2014）以黄瓜生长为例，建立基于作物-环境响应模型，实现了虚拟植物动态生长模型。秦琳琳等（2016）针对温室温湿度系统受外界环境因子扰动的混杂特性，提出一种基于切换系统的温室温湿度系统建模与预测控制方法。程曼等（2013）针对传统温室控制系统中存在的控制方案达不到最优化、反应滞后、控制器调节不同步等问题，提出了基于全局变量预测模型的温室环境控制方法。控制方案如图 4-7 所示。

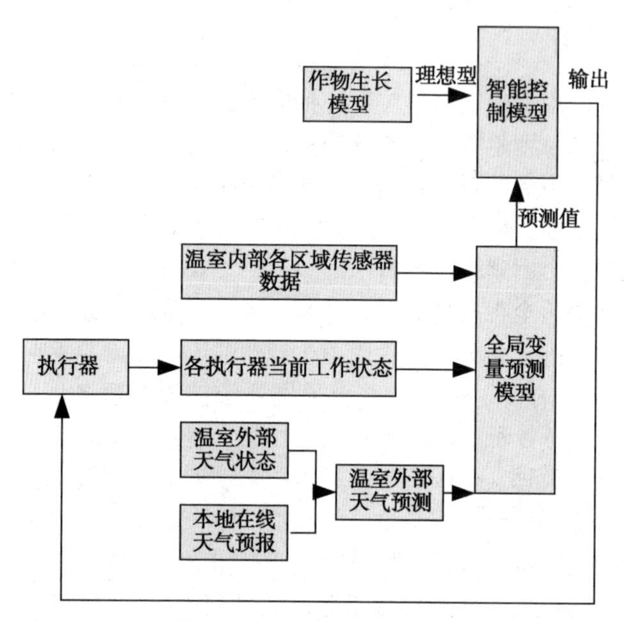

图 4-7　温室环境控制方案

Fig. 4-7　Greenhouse Environment Control Scheme

该方法将温室内部温度、湿度、光照等数据，控制器当前状态，温室外部环境的相应数据及当地天气情况进行融合，利用各个全局变量通过神经网络模型得出温室未来环境状况的短期预测值，解决了温室控制中的大滞后、大惯性等问题。

分析该控制方案制定食用菌生产环境调控业务流程，各服务模块及调用关系如图 4-8 所示。

当服务请求者（客户端）请求生产环境监控综合服务，业务流程层根据该服务的具体业务逻辑将其分解为全局变量预测模型和作物生长模型组合服务，全局变量预测模型又可以进一步分解为温室外部天气预测组合服务和各执行器当前状态、温室内部各区域传感器数据等基本服务，各基本服务完全作出响应后交由业务流程层进行功能合成，最终由业务流程层将服务响应结果返回给请求用户。同时当有其他用户请求生产进度预测服务时，通过业务流程分解也可以调用室内各区域传感器数据服务。综上所述可以看出，通过业务流程编排和具体服务调用，从而实现服务的可重用性。

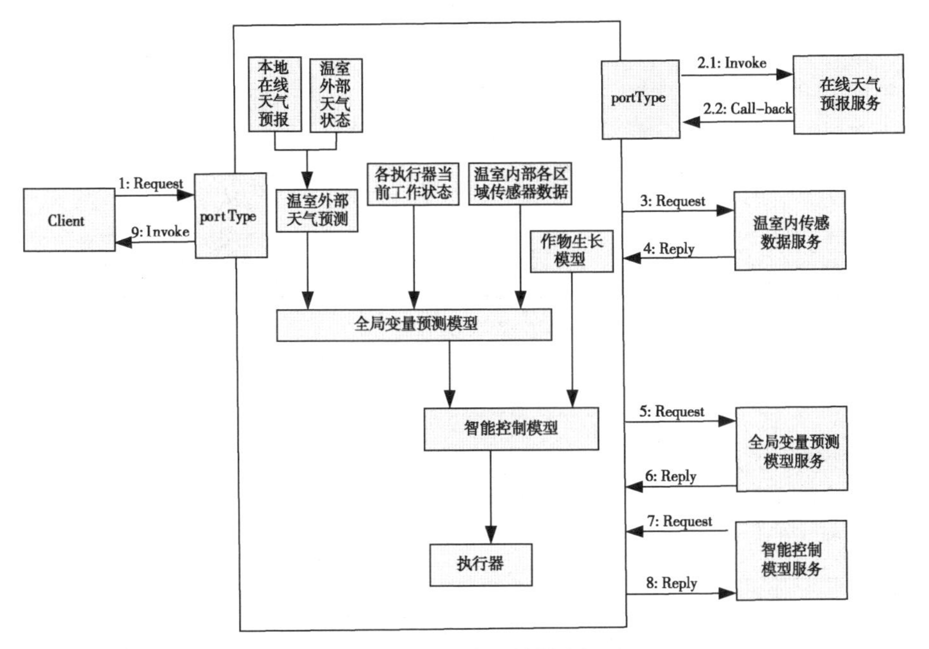

图 4-8　温室环境调控服务调用

Fig. 4-8　Greenhouse Environment Control Web Service Invocation

4.4.2　服务实现

开发人员在定义 Web Services 服务契约的时候有两种选择，一种方式就是在代码实现之前首先完成 WSDL 的定义，这种开发方式为契约先行（Contract First），首先设计服务接口的传输消息契约、WSDL 契约和元数据结构，然后利用 Web Service Contract First（WSCF）自动生成 WSDL 服务代理类框架，最后在此服务代理类框架的基础上调用并获取相关服务；另外一种方式就是首先完成代码编写，然后依赖于底层基础架构（如 ASP. NET）产生契约，这种方式称为代码先行（Code First），首先利用 Visual Studio. NET 编写 Web Services 的实现，然后通过 ASP. NET 提供的 Web Services 机制生成相关的 WSDL。这两种方式各有优缺点，当前大多的开发都是采用代码先行。

以温室外部天气预测为例进行相关服务的设计与实现。由于天气预报是每隔几个小时预报一次，如果直接获取天气预报来预测温室外部气候状况，由于温室内外小气候原因，其预测误差较大，所以需要采集温室外部温湿度和光照数据进行实时修正。将温室周围环境实时数据与天气预报数据作为输入参数，利用加权融合算法得出温室外围气候环境的变化趋势，进而作为全局变量预测模型的输入，通过人工神经网络实现对温室内温湿度、光照度等环境因子的预测，最终为温室环境智能控制提供决策支持。因此，温室外部天气预测服务为粗粒度服务，需要用到在线天气预报服务和温室外部环境监测历史数据服务两个细粒度服务。网址 http://www.webxml.com.cn/WebServices/WeatherWebService.asmx 提供了在线天气预报 Web 服务，如图 4-9 所示。

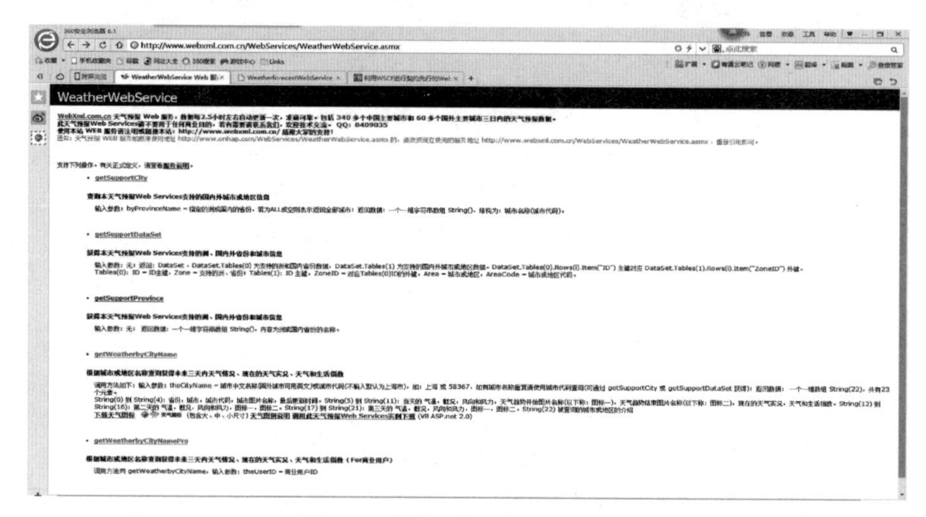

图 4-9　在线天气预报 Web 服务

Fig. 4-9　Online Weather Forecast Web Service

通过调用 getWeatherbyCityName 方法，输入本地城市名称即可获取相应数据。对于温室外部环境监测历史数据的获取，我们设计了相应 Web 服务，代码如图 4-10 所示。

```
[WebMethod(Description = @"<h3>根据用户指定的整数返回相应最近的记录数</h3>
                        <div>
                          <h4>
                              输入参数:</h4>
                         n:需要返回的历史记录数<br />
                         <h4>返回数据:</h4>
                         一个一维字符串数组 String()<br/>
                       </div>")]
public List<string> TopnTemperatureList(int n)
{
    string sql = "select top " + n + " Temperature from ProduceEnvironment order by DateTime desc";
    DbCore db = new DbCore(DatabaseType.SqlServer, System.Configuration.ConfigurationManager.ConnectionStrings["ConnStr"].ToString());
    db.Open();
    DataSet ds = db.ExecuteDataSet(sql);
    db.Close();
    List<string> list = new List<string>();
    for (int i = 0; i < ds.Tables[0].Rows.Count; i++)
    {
        list.Add(ds.Tables[0].Rows[i][0].ToString());
    }
    return list;
}
```

图 4-10　历史数据获取服务代码

Fig. 4-10　Historical Data Retrieval Service Code

服务调用界面如图 4-11 所示，点击顶部的“服务说明”，可以看到使用 WSDL 定义的服务契约，如图 4-12 所示。该契约将 Web 服务的所有相关内容包括服务方法接口、提供服务的传输方式、服务路径、接口参数等进行了详细的定义，将此 WSDL 文档发布后便可供服务请求者进行调用。WSDL 服务契约

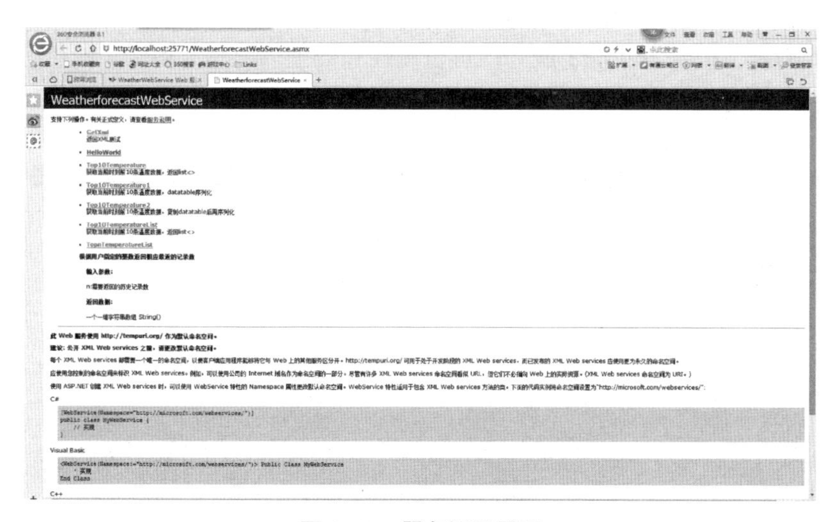

图 4-11　服务调用界面

Fig. 4-11　Service Invocation Interface

图 4-12　WSDL 定义

Fig. 4-12　WSDL Defination

主要用于程序读取调用，因此大多数情况下只需要使用Web 服务工具即可自动生成，而无需手工编写。点击“TopnTemperatureList”进入服务调用测试界面，如图 4-13 所示。用户根据自身算法输入需要获取的记录数，返回结果为 xml 格式，如图 4-14 所示。根据 2 个细粒度服务提供的数据，结合预测算法即可实现温室外部环境短期天气预测。其他服务也是类似方式实现，通过不同粒度服务的编排、组合，实现了服务的可重用性和数据的共享利用。

图 4-13　服务调用测试

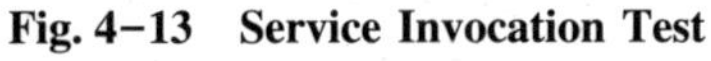
Fig. 4-13　Service Invocation Test

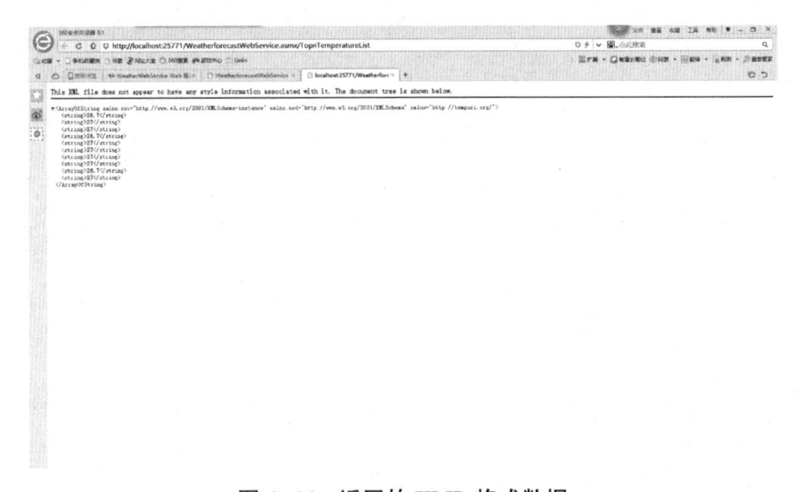

图 4-14　返回的 XML 格式数据

Fig. 4-14　Returned XML Format Data

4.5 本章小结

随着物联网技术在农业领域的推广，农业物联网系统迅速发展，然而各农业物联网系统都垂直于行业应用开发，使系统之间呈现出异构化、垂直化和碎片化的特点，使企业之间及企业内部新旧系统之间的数据共享和服务协同变得非常困难。此外，农业数据用户对数据共享服务的要求是多样的，也是不断变化的。如何对农业生产中产生的这些数据进行处理，为用户提供数据查询、数据导航、数据下载、数据应用等共享服务，提升基本数据服务的复用性，降低农业物联网上层应用的构建门槛，是农业物联网数据共享设计的根本目标，也是研发农业物联网数据共享服务系统的根本目的。针对以上问题，本章提出了面向服务的农业物联网数据共享架构，设计了详细的层次及功能结构，以食用菌生产环境调控为例，介绍了业务流程的确定和设计，采用代码先行方式实现了天气预测服务，进一步通过不同粒度服务的编排、组合，实现了服务的可重用性和数据的共享利用。

5　基于事件驱动的能量高效分簇路由协议算法研究

农业信息的精准获取是其他各项工作的基础，面对复杂的农业生产环境及庞大的数据监测量，传统的农业信息获取方式无法满足现实需要。随着嵌入式技术和无线通信技术的快速发展，无线传感器网络的研究受到人们的高度重视。无线传感器网络是由部署在待监测环境中的大量静止或移动的感知节点通过自组织、多跳等无线通信方式建立的一种网络（李成法等，2007）。由于无线传感器网络具有分布式、低成本、低功耗、自组织等优点，在农业生产环境监控系统中有着重要的地位与广泛的应用前景（朱勇等，2012）。

相对传统的有线农业环境监测系统，无线传感器网络具有无法比拟的优势，首先是方便布置，节省了有线需要安装的费用；其次是易于拓展，在已有的监测区域很容易扩展到相邻区域；再次是容错性好，网络中单个节点的失效不影响整个网络的操作；最后，无线传感器网络具有自组织性，节点具有自我配置的能力，这也就是其易于拓展的重要原因。然而它也具有无线传输媒介固有的限制，传输带宽低、传输过程容易出错、信道冲突等，并且这些节点都部署在野外，甚至人类无法到达的地方，这就使得传感器节点只能依靠有限的电池来供电，某些靠近基站的节点由于传输任务重就容易导致节点失效，从而导致它所负责区域的无线监控的失效，因此如何在节点原始能量有限的情况下，节省网络能量消耗，尽可能地延长网络的存活周期，保证无线监测系统长期有效工作，是无线传感器网络路由协议设计的主要目标，同时也是研究无线传感器网络应用于农业环境监控的核心问题之一。

本章从无线传感器网络路由的基本概念及分类出发，介绍了路由协议的各种分类，随后重点分析了连续监测路由协议和基于事件响应的路由协议研究现状；改进了基于事件驱动的能量高效分簇路由协议算法，最后利用 OMNET++ 进行仿真试验，对本章所提出的算法性能进行评估。

5.1　路由协议算法分类

无线传感器节点的主要能量消耗在于数据的传输转发过程，如何找到最短传输路径从而减少数据传输过程中的能量消耗是当前面临的主要难题。路由协议作为找到源节点和目的节点间的最优路径并将分组数据沿着该路径正确转发出去的重要保证，成为近年来国内外研究的热点，并取得了大量的成果。

Jamal 等（2004）从无线传感器网络结构和协议操作两方面对已有路由技术进行了划分。根据网络结构，分为层次型路由、平面型路由和基于位置的路由 3 种；根据协议的操作方式，分为基于协商的路由、多路径路由、基于查询的路由、基于 QoS 的路由和基于相干处理的路由，并比较了各种路由协议之间的优缺点。Pantazis 等（2012）对以上分类进行了扩展，将现有的无线传感器网络划分为基于网络结构的、基于通信模型的、基于拓扑结构的和可靠传输路由 4 类及其各自包含的子类别，并对各类协议的具体形式进行了相关分析。Goyal 等（2012）将路由协议归纳为以数据为中心的路由协议、基于位置的路由协议、层次型路由协议和多路径路由协议等几种。Liu（2012）根据无线传感器网络分簇特点，从簇的特点、簇头特点、簇形成过程及算法的整个处理过程 4 方面提出一种新的分类法。总结不同研究人员提出的各种无线传感器路由协议，大致可以分为以下几类。

5.1.1 与位置相关的路由协议

位置信息对无线传感器网络中节点至关重要，只有知道节点的具体位置信息才能更加有效地利用感知数据。有了两个节点的位置信息就可以确定两点之间传输数据需要的能量，可防止传输过程种能量的浪费。通常有 3 种方法确定节点的位置，即使用全球定位系统（GPS）、利用三边测量技术和使用信标。通过节点地理位置信息可以方便地进行寻址和路由，使数据的传输更加具有针对性而不用传送到整个网络，从而降低能量消耗和信息传输量。如果感知节点本身配置有 GPS 信息号接收器，可以通过与卫星通讯来获取节点的具体位置。如果未装备 GPS，则节点之间的距离通过接收信号强度来估算，节点间的相对坐标也可以通过相互交换信息来获得。基于位置信息的路由协议在数据传输时能够明显节省网络能耗，但也因此增加相关节点的复杂度和能耗，因此应根据不同的应用需求选择合适精度的位置信息来实现数据的转发。典型的基于位置的路由协议包括 GAF 协议（Geographic Adaptive Fidelity）、GEAR 协议（Geographicand Energy Aware Routing）、SPAN 协议、GPSR 协议（Greedy Perimeter Stateless Routing）、GEDIR/MFR/DIR 等。

5.1.2 平面路由协议及层次路由协议

根据无线传感器网络结构是否具有层次性，将其分为层次型路由和平面型路由。在平面型路由协议中，所有感知节点具有平等的地位，不存在管理节点和一般节点的差别，感知数据需要传输时一般有大量节点参与，能量消耗在整个网络中较为平均。平面型路由协议的优点是具有较好的健壮性、算法实现简单；由于网络中没有管理节点，数据容易被盲目转发，无法形成对通信资源的有效管理和利用，同时存在可扩展性差、对网络动态变化的反应速度较慢等问题，因此该协议并不适合大规模的传感器网络（尹湘源，2014）。典型的平面路由协议有闲聊路由（Gossiping）、洪泛式路由（Flooding）、定向扩散路由（Directed Diffusion）、SPIN 协议（Sensor Protocol for Information via Negotiation）、谣传协议（Rumor）、EAR 协议（Energy Aware Routing）、AODV（Ad hoc On-Demand Distance Vector Routing）等。

层次型路由区别于平面型路由的地方在于对所有感知节点进行了分类，也即采用分簇的方法将感知节点划分成管理节点和成员节点，从而方便节点间的协调与通信。层次型协议的主要思想是将网络中的所有节点划分为若干个簇（分组），每个簇按照设定的规则来选举簇头，簇内成员节点只负责与簇头进行通信，当采集到数据后首先发送到簇头节点，当簇内所有成员节点都将数据传送完毕后，簇头节点按照程序设定的数据融合算法进行一定数据融合操作，然后由簇头节点将融合后的数据传送至 sink 节点。由于簇内节点只与本簇内的簇头进行通信，这样极大规范了各感知节点之间的通信，有利于减少网络内节点之间盲目进行数据转发的数量，整体上降低网络中所有节点的能量消耗，进而延长网络的生存周期。由于采用分簇机制，对于更大规模的无线传感器网络，可以采用先簇内传输，然后进行簇簇之间的多次数据转发传输最后传输至汇聚节点。因此，层次型路由协议良好的可扩展性更加适用于大规模的无线传感器网络。主要的层次型路由协议包括 LEACH 协议（Heinzelman et al，2000）、TEEN 协议（Manjeshwar et al，2000）、PEGASIS 协议（Jae et al，2009）、ARPEES 协议（Vinh et al，2008）、APTEEN 协议（Manjeshwar et al，2002）、BTRES 协议（Mai et al，2012）等。

5.1.3 根据通信模式可分为时钟驱动型、查询驱动型和事件驱动型

查询型路由协议，也叫查询应答协议，是无线传感器网络中最为常见的一种传输模式，一般情况下传感器节点采集到数据后先保存在本地存储器中，当用户发送查询命令进行相关查询操作时，传感器节点比较用户发送的命令与自身 ID 信息，只有符合条件的传感器节点才将数据通过应答报文发往汇聚节点，这种模式对传感器节点的存储配置相对较高，适用于查询频率低而数据产品频率高的情况，常见的查询式路由协议如 APTEEN（Manjeshwar，2002）。时钟

驱动型是在每一个时钟周期到来的时候，传感器节点都把采集到的数据信息传送至汇聚节点，如典型的无线传感器网络 LEACH 协议。事件驱动型结合前两者的优点而建立，感知节点采集到数据后先判断该值超过了事先设定的阈值，如果未超过，进行本地存储，相反则认为触发了某种事件，需要立即传送数据给汇聚节点，该方法适用于对实时性要求较高的用于监测预警的无线传感器网络。典型的基于事件驱动的路由协议如 OEDSR（Ratnaraj，2006）、ARPEES（Vinh，2008）、HPEQ（Boukerche，2005）。

5.1.4 主动路由协议、被动路由协议和混合型路由协议

根据数据传输转发路径建立的时间先后，无线传感器网络可分为被动路由协议、主动路由协议和混合型路由协议。主动路由协议也即时钟驱动型协议，需要网络中传感器节点主动地按周期时间进行分组广播和交换，从而完成路由维护任务，更新路由表。传输延迟小、实时性高是主动路由协议的主要优点，然而由于整个网络不断地更新路由信息导致真正的网络利用率不高，能量消耗大。常见的主动路由协议有 DSDV、CGSR，上面提到的部分层次型路由协议也属于主动路由，如 LEACH、PEGASIS 等。

被动路由协议无线网络在初始状态时并未创建路由表，直到有传感器节点需要进行数据传输的时候才会被动地查询最优路由线路，因此称为被动的方式发现路由。被动路由避免了主动路由协议中节点的周期性更新路由表的行为，节省了大量感知节点能耗，所以特别适合能量有限的无线传感器网络，其缺点是如果数据所要送达的目的地不在路由的范围内，那么需要等待从源节点到目的节点的传输路径的建立，这就会导致一定的传输延迟，因此被动路由协议是以牺牲实时性为代价的。常见的被动路由包括 AODV、DSR、SPIN、SAR 等。

混合型路由协议充分利用两者的优点，在簇内采用主动路由策略，而簇间则采用被动路由策略，因为 WSNs 中的大部分通信发生在相邻节点之间，因此可以大大减少各节点需要维护的路由信息表。ZRP（Zone Routing Protocol）、LAKER 就是典型的混合路由协议。

5.1.5 单路径、多路径路由协议

依据感知数据传输转发时，源节点和目的节点之间传输路径的数目，可将无线传感器路由协议分为多路径路由和单路径路由。单路径路由协议是将数据沿一条最佳路径传递至目的节点，该方式可以减少通信量和节约存储资源，但容易造成丢包，可靠性差。常见的单路径路由包括 AODV、DD、DSR 等。而源节点与目的节点之间存在多条数据传递路径的为多路径路由协议，多路径路

由时，每条路径传输一份感知数据的拷贝，即使其中有的路径不通，数据也会通过其他路径到达目的节点。多路径路由在增加传输可靠性、有效使用带宽和容错性方面优势是显著的，但也存在重复率高、能量消耗大等问题（郭新，2013），常见多路径路由协议有 MDR、HREEMR 等。

5.1.6 QoS、无 QoS 路由协议

传感器网络通常部署在条件非常恶劣的环境中，加速了网络能量消耗从而导致节点失效，使感知网络维护困难，这就需要感知网络的软硬件具有良好的容错性和鲁棒性。基于 QoS（质量保证）的路由协议是指把丢包率、网络延迟、网络带宽等指标作为参考因素从软件设计与实现方面来保证可靠传输路径的建立，这类协议主要有 SPEED、SAR 等。

由于无线传感器节点资源有限，网络具有高度的应用高度相关性，所以特定的路由协议和算法不可能满足所有不同应用环境的要求，为此研究人员根据应用的具体场景，结合网络仿真试验来设计路由协议，使得每种路由协议都存在各自不同的优缺点。以上分类方法并非严格意义的区分，由于多数路由协议兼有多种特性，所以会被归入多个路由分类中。在实际研究中应根据具体应用场景的实际情况和传感器网络节点的规模、实时性要求等，从优化数据传输路径和保障传输的正确性及稳定性方面入手，有所侧重地改进已有的路由算法或者提出自己全新的路由协议。

5.2 典型路由协议分析

5.2.1 LEACH 协议

低功耗自适应分簇分层型协议（LEACH）是最早提出的基于分簇结构的层次型无线传感器网络路由协议（Heinzelman，2000）。在随后的研究中，各国学者提出了多种改进的路由协议和算法。LEACH 协议主要通过循环随机选择簇头的方式避免单个节点能量消耗过快，尽可能地平衡网络中各节点的能量消耗，达到使网络整体生存周期延长的目的。

LEACH 协议以轮为工作周期，簇建立和数据传输两个阶段构成一轮工作周期，为了节省资源开销，一般应使数据传输阶段持续的时间远大于簇建立阶段所需时间。协议在每个数据收集的周期（一个周期也称为一轮）开始，各节点通过运行节点程序随机获取一个 0~1 的数字，如果该随机数小于给定的阈值 $T(n)$，并且该节点位于未当选节点集合中，则该节点被选为簇头。阈值

$T(n)$ 的计算公式为：

$$T(n)=\begin{cases}\dfrac{P}{1-P\times(r\bmod)\dfrac{1}{p}} & \text{if} \quad n\in G \\ 0 & \text{otherwise}\end{cases} \qquad (式5.1)$$

其中，n 为传感器网络中节点总数，P 为簇头节点在所有节点中所占的比例，r 为建立分簇的轮数，G 为过去 $1/p$ 轮中未当选簇头的节点的集合。由公式中可以看出，随着每一轮的进行，未当选节点当选簇头的概率将逐步增大，因为只有以前的轮回中还未当选过的节点才有机会成为当前轮的簇头节点，如果节点已经当选过簇头节点，则其阈值 $T(n)$ 值为0，将无法参与簇头节点的选举。

簇头选定之后，当选簇头广播当选消息给通信范围内的其他节点，各非簇头节点根据收到的广播信号强度选择应该加入哪个簇，节点将选择信号强度最大的簇头加入，因为距离与信号强度成反比。信号强度越大，表明距离该簇头越近，后续向该簇头发送数据报文消耗的能量将是最小的。随后成员节点将向自己选择的簇头发出确认加入该簇的消息。当簇头节点接收到所有的加入信息后，需要根据本簇中节点数量，产生TDMA消息，并将此消息广播给本簇内的各节点，即通知本簇内节点各自的工作时间，随后进入数据传输阶段。为了节省能量，各节点进入休眠状态，直至分配给自己的时间槽到来。在数据传输阶段，簇内节点按照TDMA时隙向簇头传送数据，在簇内所有节点数据传送完毕后，簇头节点按照程序设定的算法执行数据融合算法，把所有簇成员节点的数据进行相关数据融合操作，随后以单跳通信的方式将处理后的结果传输给汇聚点。在持续工作一段时间后，网络重新进行分簇操作，选举簇头并建立簇。图5-1是LEACH协议分簇示意图。

该算法在簇头选择时采用了随机方法，并未考虑所选节点的位置及剩余能量情况。为了提高簇的生成质量，Heinzelman等人又进一步提出了集中式的簇构造算法LEACH-C（Heinzelman，2002）。蒋建明等（2014）在采用LEACH的基础上，同时考虑节点电池剩余能量的多少选择簇头，在与汇聚节点通信方式上将距离较远的簇头数据传送由单跳方式改为双跳方式，以此来降低节点能量消耗，从而达到延长网络生命周期的目的。李成法等（2007）提出一种基于非均匀分簇的路由协议。该协议通过为候选簇头分配非均匀的竞争半径来构造大小不等的簇。离汇聚点越近，所形成的簇规模越小，这使得靠近汇聚点的簇头有更多的剩余能量可以用来转发簇间数据。为解决大面积水稻田无线传感器网络能量消耗过快和丢包率严重等问题，雷刚等（2013，2014）提出了基

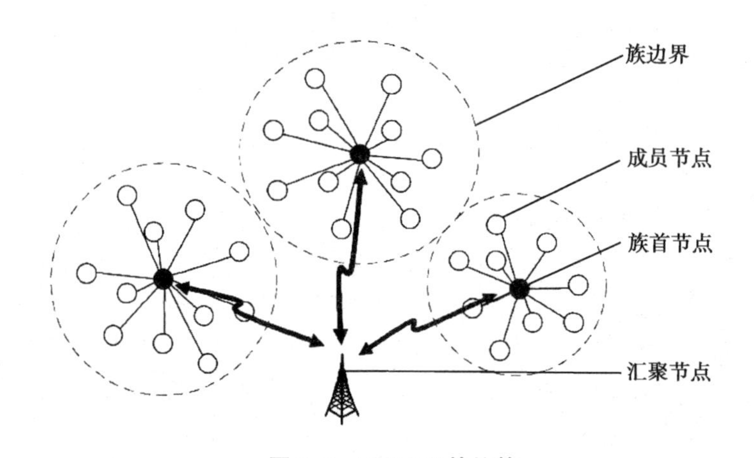

图 5-1　LEACH 协议簇

Fig. 5-1　LEACH Protocol Cluster

于能量异构双簇头分簇路由算法，并设计不同天线模式下的 3 种组网方案。归奕红（2012）针对农业生产监控对感知节点可能移动的情况考虑不足的问题，提出一种支持网络中的传感器节点和基站都是可移动的适用于农田环境监控的动态 WSN 路由算法，该算法采用移动式基站分层进行管理，有效平衡了网络负载，延长了网络的存活时间。朱勇，等（2012）基于温室环境智能监控的应用需求，从能量高效与节点可信度方面出发，在典型路由算法与蚁群算法的基础上，提出了一种新的基于蚁群算法的、兼顾节点位置与能量的分簇路由算法（DEC-ACO）。赵春江等（2011）等提出了一种能量控制和动态路由相结合的路由算法 ES-AODVjr，该算法通过平衡监测设备功耗和数据报最短路径路由策略，使无线传感器网络在保证监测网络中的数据及时有效地传递。LEACH 及其变异算法都是基于以下两个假设：传感器节点持续的向簇头节点发送数据；簇头节点总是直接与汇聚点通信。在大面积农业生产环境监测中，簇头节点往往无法直接与汇聚节点通信，因此 LEACH 并不能够很好地平衡整个网络的能量消耗。

5.2.2　基于事件响应的路由协议分析

基于事件驱动的路由方法由于只有当监测到事件发生时才进行分簇并向汇聚点发送数据，这样一来减少了持续定时分簇的开销以及数据发送的冗余，因此使得该方法对整个网络的能量使用效率、能耗平衡及网络寿命更加有效，OEDSR（Ratnaraj，2006）、ARPEES（Vinh，2008）、HPEQ（Boukerche，2005）等通过仿真试验也证明了这一点。（Manjeshwar，2002）根据节点工作模式及目标应用的类型，将传感器网络分为主动上报型和应急响应型。主动上报型如同 LEACH 中采用的一样，周期性的启动传感器节点，感知环境信息并发送感兴趣的数据；应急响应型则只有在所监测的某个环境因子发生突然的变化，并且超过预先设定的阈值时才会立刻做出反应，这比较适合实时性要求较高的应用。同时结合两者优点提出了一种查询式混合路由协议 APTEEN。Yupho（2006）等分析了连续监测模式和事件驱动模式在医疗环境监测方面的应用。由于所有路由协议都是面向具体应用而提出的，因此以上研究对具体的农业生产环境监控方面并不能完全适用。本章以农业生产环境无线监控为研究对象，提出改进的基于事件驱动的能量高效分簇路由协议（Event Driven Energy Efficient Clustering，EDEEC）。当被检测环境因子高于某个预先设定的阈值后，传感器探测到该事件并自动进行分簇组网将此关键信息传送至管理者。

5.3 无线传感器网络模型及信道模型

5.3.1 所用网络模型假设

任何无线传感器网络路由协议都是针对某个具体应用的，为保证算法正常运行，本章假设所研究的无线传感器网络模型具有以下特征。

（1）所用节点均为相同结构的节点，即具有相同的初始能量、相同的数据处理和相同的通信能力，还包括相同的数据融合、存储转发、自适应功率控制等。

（2）N 个传感器节点随机分布于 M×M 的正方形区域内，每个节点具有唯一 ID，网络中各节点不可移动，也即节点部署后位置不再变化，各节点在网络中的地位平等。

（3）基站（BS）节点唯一，放置在监测区域外部且离监测节点很远，能量和功能不受限制。

5.3.2 信道模型

为了分析发送和接收广播控制信息及发送和接收感知数据的能量消耗，及时确定网络的整体能量情况和网络中各节点剩余能量，本研究使用 Heinzelman 提出的无线信道模型。

（1）网络中传输的数据包括广播数据包和感知数据包两种，假设 k 表示数据包的大小，$k=25$ byte 表示广播信息包，$k=500$ 表示感知数据包的大小。

（2）传输数据包所消耗的能量包括传输能耗 $E_{T_{x-elec}}=k\times E_{elec}$ 和功率放大能耗 $E_{amp}=k\times E_{fs}\times d^2$ 两部分，其中 E_{fs} 表示在自由信道模型中传输所需能量；E_{elec} 表示发射或接收单位比特数据的电路功耗；d 表示发送节点与接收节点间的距离。因此，将 k 比特数据传输 d 距离所消耗能量表示为：$E_{T_x}(k, d)=E_{T_{x-elec}}+E_{amp}=k\times E_{elec}+k\times E_{fs}\times d^2$。

（3）接收数据包所消耗的能量表示为：$E_{R_x}(k)=E_{T_{x-elec}}=k\times E_{elec}$。

从以上分析可以看出，对感知数据、处理数据、发送数据 3 方面进行比较，发现感知节点发送数据所消耗的能量最多，在提出的协议中，重点致力于减少控制信息的数量、缩减信息的长度及缩短数据传输距离，以便减少能量消耗，从而提高整个网络的生存周期。

5.4 基于事件驱动的能量高效分簇路由协议算法（EDEEC）

EDEEC 路由协议可分解为若干轮，每轮包括簇形成阶段和数据传输阶段两个过程，簇形成阶段又分为簇头的选择和簇建立两个过程，数据传输阶段包括簇内数据传输、数据融合及簇头与 BS 节点的数据传输 3 个阶段。

5.4.1 网络初始化

整个传感器网络在部署完毕后需要进行初始化配置工作，该工作仅在第一次部署完毕后进行。为了获取各节点与 BS 节点之间的距离，BS 节点利用洪泛机制广播 S_ADV 消息，各节点根据 Bahl 等（2000）提出的接收信号强度指示器（RSSI）估算出自身与 BS 节点间的距离。在本协议中，节点间可以通过交换请求建立簇消息（REQ_CLUSTER）或者请求转发节点消息（REQ_RELAY），获取与其他节点的距离。

5.4.2 簇形成阶段

5.4.2.1 簇头选举

为了节省能量，网络初始化完成后，所有节点均进入休眠状态。当监测到事件发生时，该事件周围的休眠节点被激活并获取所监测数据的具体信息。如果所感知信息超过预先设定的阈值，则被激活的节点运行簇建立与簇头选举算法。Mai（2012）、Vinh（2008）中将所有激活的节点广播 REQ_ CLUSTER 数据包（包含节点 ID，剩余能量和事件中所感知数据的描述性信息等字段内容）给其他被激活的节点请求建立分簇网络，假设有 n 个节点被激活，如果所有节点均发送广播消息，则所发送广播消息的数量为 n×（n-1）次；本协议随机选择一个被激活的节点 elector 发送广播消息，并等待所有其他节点传回应答信息 RES_CLUSTER，则发送接收消息的总数量为 2×（n-1）。elector 节点收到所有应答信息后，对所有节点的剩余能量进行比较，选择剩余能量最多的节点为簇头（CH）节点，并将所有簇成员节点 ID 转发给 CH，选举能量次之的节点为下一轮的 elector，如果这样一轮结束后 elector 的能量比其他节点剩余能量多，则该 elector 成为下一轮簇头节点的概率将进一步增大，减少更多应答消息的传递。

5.4.2.2　簇构建过程

选举出簇头节点后，簇头根据本次事件中簇成员的多少分配 TDMA 调度计划，同时广播 TDMA_ MSG 数据包给簇内成员节点来确保各节点有序地向簇头节点传输感知数据；各等待传输感知数据的非簇头节点进入休眠状态直到分配给它的时间间隙的到来。簇建立阶段的流程如图 5-2 所示。

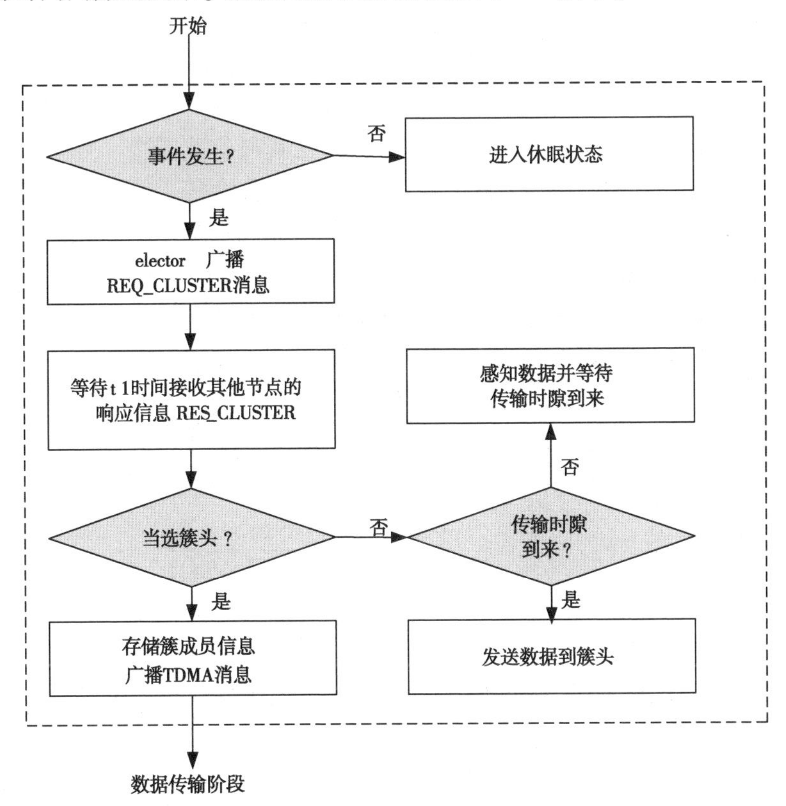

图 5-2　簇建立阶段流程

Fig. 5-2　Cluster Building Phase Flow Chart

5.4.3 数据传输阶段

在前面的网络模型中，我们假设 BS 节点远离各传感器节点，因此簇头节点必须经过转发节点（也称中继节点）将融合后的数据传送给 BS 节点，因此在该阶段，应该寻找一条更加节省能量的路由路径，将融合后的数据传送到 BS 节点。

5.4.3.1 簇内数据收集

使用 TDMA 调度计划，各节点在其分配的时间间隙内向簇头节点传送感知数据。为了节约能量，当为各节点分配的时间间隙到来之前，各节点处于休眠状态，只有在其分配的时间间隙内才处于激活状态并传送数据。

5.4.3.2 簇头数据处理

数据处理相比于数据传输所消耗的能量少很多，因此簇内数据处理对于减少数据冗余，节约发送能耗至关重要。簇头节点收集完所有簇内成员的数据后，执行相应数据融合算法，从而减少发送到 BS 节点的数据量。

5.4.3.3 选择转发节点创建路由

要发送数据的簇头节点首先检查 BS 是否在其通信范围内，如果在则直接将数据发送给 BS，如果不在其通信范围内，则簇头给其通信范围内的节点广播请求转发（REQ_RELAY）数据包并请求所有收到数据包的节点返回其自身信息。REQ_RELAY 数据包包含节点 ID、剩余能量、距离 BS 的距离信息。收到 REQ_RELAY 的节点将根据自身与 BS 的距离与 REQ_RELAY 中请求节点与 BS 的距离决定是否返回响应转发（RESPON_RELAY）数据包，只需距离 BS 更近的候选节点做出该响应，该响应数据包包含节点 ID、端到端平均延时、剩余能量及离汇聚节点的距离等信息。簇头节点从邻居节点收到响应数据包后，根据转发代价函数 $F_{RN}(j)$ 从候选节点中选择下一跳转发节点。

$$F_{RN}(j)=\frac{E_{res}(j)}{Delay(CH,j)}\times\frac{d(CH,j)}{d(j,BS)} \quad \text{（式 5.2）}$$

其中，E_{res}是节点的剩余能量，$d(j,BS)$ 是候选节点 j 到汇聚节点 BS 的距离，$d(CH,j)$ 是请求节点与候选节点 j 之间的距离，$Delay(CH,j)$ 表示簇头节点 CH 与候选节点 j 之间的平均延时。以上转发代价函数基于以下条件建立。

（1）转发节点应具有最大的剩余能量 $E_{res}(j)$。

（2）转发节点距离 BS 即 $d(j,BS)$ 越近越好，距离 CH 即 $d(CH,j)$ 越远越好。

（3）簇头 CH 与转发节点之间的延时 $Delay(CH,j)$ 越小，实时性越好。

所有候选节点中 F_{RN}（j）值最大的节点将被选为转发节点。在下一跳中，转发节点作为簇头寻找下一个转发节点，一直重复这个过程，直到下一跳为BS节点。最终，建立起一条从簇头节点到BS节点的最优传输路径。图5-3描述了数据传输阶段的流程图。

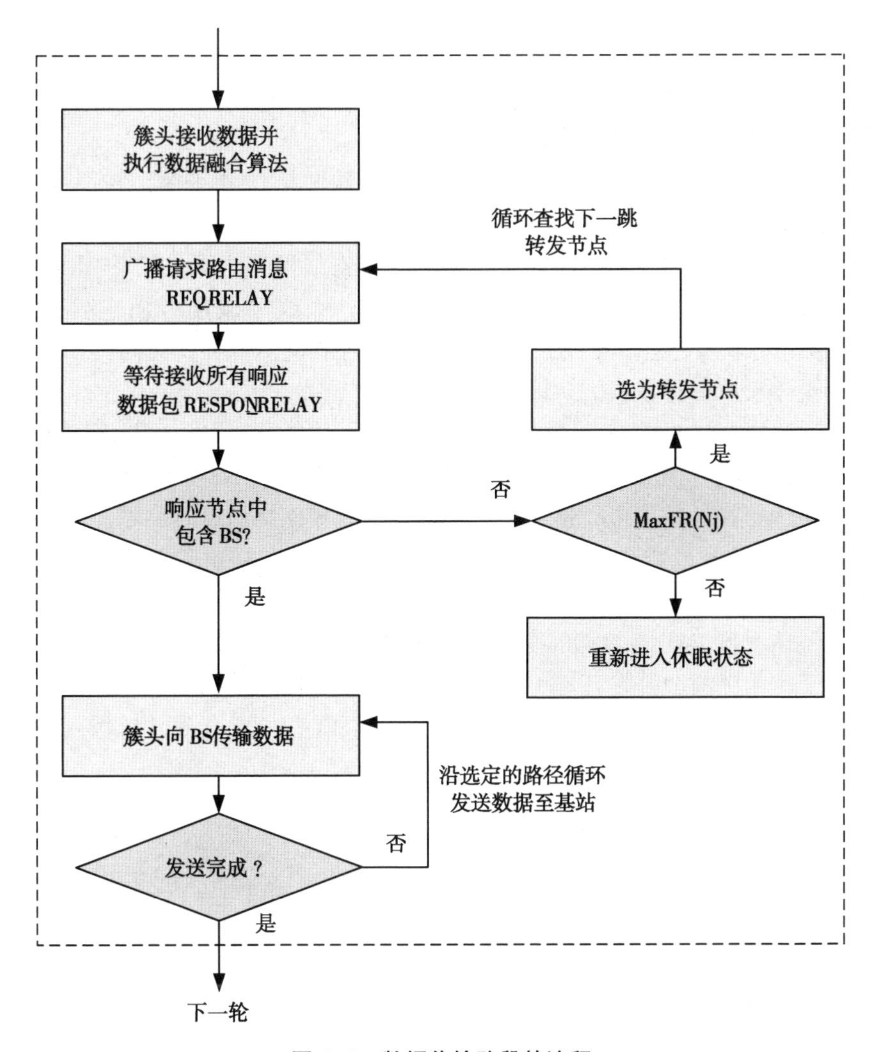

图5-3　数据传输阶段的流程

Fig. 5-3　Data Transfer Phase Fow Chart

5.5 算法仿真试验

当传感器网络中存在少量感知节点时可以采用物理测量试验法来对感知网络性能进行评价，然而随着无线传感器网络规模的不断增长，尤其是包含大量节点的大规模无线传感器网络，物理试验法就变得难以为继。随着计算机网络仿真软件的出现和发展，使通过计算机进行网络仿真成为测试无线传感器网络路由协议算法性能的主要手段。

近年来，国内外研究人员设计开发了多款网络仿真平台，包括 NS-2、EmStar、OPNET、OMNet++等。

目前，存在的通用网络协议十分有限。在有线网络方面主要使用 Ethernet 协议，TCP 为不可靠的媒质提供可靠的传输，无线局域网方面主要建立在 IEEE 802.11 基础之上。然而，对于传感器网络来说，由于其面向具体应用的特性，至今没有一种权威的协议或算法。

NS-2（Network Simulator-2）里面虽然包括了大量的用于路由算法、TCP 协议仿真的工具，但其主要用于 OSI 模型的仿真，并且 NS-2 对数据包级的仿真接近于运行时的数据包数量，因此在进行大规模网络仿真时并不能很好地适应。由于 NS 涉及内容众多，需要掌握与之相关的众多知识和工具才能进行仿真测试。OMNeT++（Objective Modular Network Testbed in C++）作为离散事件网络系统仿真器，支持 Windows、Linux 和 Mac OS X 等系统，基于 Eclipse 平台提供了完整的集成开发环境，具备完善的可视化图形界面接口，方便用户使用，因此本章采用 OMNeT++网络模拟器对改进 EDEEC 的无线传感器网络协议算法进行仿真。

5.5.1 OMNET++简介

OMNeT++是一种面向对象的模块化、可扩展、基于 C++组件的仿真程序库和框架，可运行于 Windows、Linux 和 MacOS 等多个操作系统。它提供了基于 Eclipse 平台的完整的集成开发环境，具备强大完善的图形界面接口。OMNET++嵌入式仿真内核结构如图 5-4 所示。

该模型包含仿真内核 SIM、运行环境库 ENVIR、可视化界面环境库（包含 Cmdenv、Tkenv 和 Qtenv 3 种形式）、模型组件库（Model Component Library）和执行模型（Executing Model）5 部分。SIM 是 5 部分的核心，提供了仿真内核和所需要的类库，用户程序运行时需要连接到 SIM。ENVIR 包含了所有用户接口代码，程序入口函数 main（）也位于 Envir 库中，Executing Modelc 是

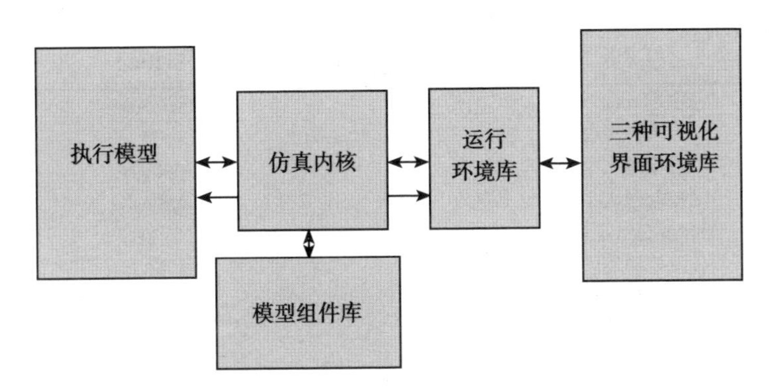

图 5-4 OMNeT++仿真工具架构

Fig. 5-4 The architecture of OMNeT++ simulations

cEnvir 外观类的一个实例，当使用 OMNET++嵌入程序时，通常需要编写自定义的 cEnvir 子类。可视化界面环境库是基于 ENVIR 的包含特定用户接口实现的可视化编程界面库，目前常用的有 Cmdenv、Tkenv 和 Qtenv 3 种。模型组件库包含了简单模块的定义和它们的 C++实现，复合模块的类型、通信信道、网络类型、消息类型等所有涉及模型的信息。执行模型是模型组件库中的模型的具体实例，用于运行过程的可视化。

OMNET++采用混合式的编程模式，使用 NED（Network Discription，网络描述）语言进行可视化网络及模块的定义，随后使用 C++对网络和模块的具体功能进行实现。NED 文件主要用于完成网络拓扑结构的可视化建模，使用 NED 可以定义简单模块、复合模块和网络，同时给出这些模块的具体属性包括模块所属的命名空间、模块需要的参数、模块显示的位置以及模块的输入、输出门等。也可以将简单模块组合为复合模块，进而使用复合模块构建仿真网络，因此可以建立自包含的网络模型。NED 语言具有层次型、基于组件、接口特性、继承性、命名空间、内部性、元数据注释等特性，使其在描述复杂的网络仿真大项目时具有很好的伸缩性。

5.5.2 仿真试验设置

为了验证本章提出的 EDEEC 路由算法的可行性和有效性，对 EDEEC 及 LEACH、ARPEES 协议在 OMNET++仿真软件中进行了仿真实现。在仿真试验中，使用第二部分描述的网络模型和信道模型。各节点均匀分布在 500m×500m 的方形区域内，基站设置在（250、500）的位置，并且能量不受限制。设置所有节点初始化能量为 2J（焦耳），其他仿真参数设置如表 5-1 所示。

表 5-1　网络仿真参数设置

Table 5-1　Network Simulation Parameters Setting

参数 Parameter	值 Value
节点初始能量 $E_{initial}$	2J
数据包大小	500byte
控制包大小	25byte
每轮发送数据帧数	30
收发控制器能耗	50nJ/bit
自由信道模型传输能耗 E_{fs}	10pJ/bit/m^2
感知范围	60m
传输范围	100m
网络大小	500m×500m
总节点数	150
节点死亡阈值	0. 1J
基站位置	250、500
模拟传输次数	400

5.5.3　试验结果及分析

三种算法的网络生命周期如图 5-5 所示，纵坐标为网络中剩余存活节点

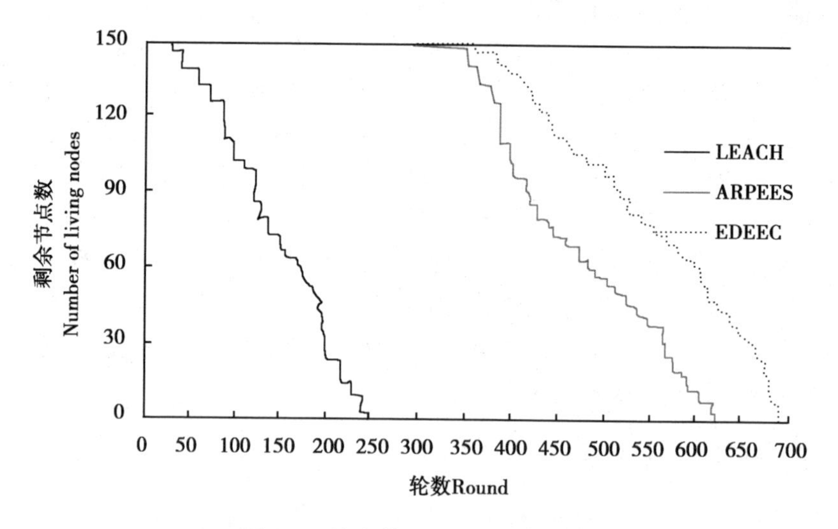

图 5-5　路由算法的生命周期比较

Fig. 5-5　Algorithms Lifecycle Compare

数，横坐标为网络进行的轮数。从图中可以看到 LEACH、ARPEES、EDEEC 三种算法的网络生命周期分别为 246、635 和 691，EDEEC 算法有效地延长了

整个网络存活时间，是 LEACH 协议算法的两倍多，相比较 ARPEES 提高了 8.8%。

5.6 本章小结

由于无线传感器网络具有低成本、低功耗、高可靠、自组织等特点，在农业生产环境监控系统中得到广泛的应用，然而它也具有无线传输媒介固有的限制，如传输带宽低、传输过程容易出错、信道冲突等，并且这些节点都部署在野外，甚至在人类无法到达的地方，这就使传感器节点只能依靠有限的电池来供电，某些靠近基站的节点由于传输任务重就容易导致节点失效，从而导致它所负责区域的无线监控失效。如何在节点初始能量受限的条件下，节约网络能量消耗，从而延长网络的存活周期，保证无线监测系统长期有效工作，是无线传感器网络路由协议设计的首要目标。本章针对传统 LEACH 路由算法假设传感器节点持续不断地向簇头节点发送数据，簇头节点总是直接与汇聚点通信所带来的问题，提出了一种基于事件驱动的面向农业生产环境监控的无线路由算法。该算法通过减少簇内控制信息的发送数量，按照转发代价函数从候选节点中选择下一跳转发节点来缩短数据传输距离，减少能量消耗，从而提高整个网络的生存周期。通过 OMNET++仿真软件进行了仿真试验，结果表明 EDEEC 算法更好地解决了网络能量消耗不均衡问题，延长了网络的生存周期。

参考文献

卜天然，吕立新，汪伟.2009.基于TinyOS无线传感器网络的农业环境监测系统设计［J］. 农业网络信息（2）：23-26.

蔡昭权.2008.基于ESB的异构系统集成实现［J］. 计算机应用（2）：538-540.

昌煦超.2013.基于Web的泛在网关中间件中关键技术的研究和实现［D］. 北京：北京邮电大学.

陈海明，崔莉，谢开斌.2013.物联网体系结构与实现方法的比较研究［J］. 计算机学报（1）：168-188.

陈华凌，陈岁生，张仁政.2012.基于Zigbee无线传感器网络的水环境监测系统［J］. 仪表技术与传感器，1（1）：71-73.

陈玲姿.2012.基于SOA的物联网中间件研究［D］. 长沙：湖南大学.

陈美镇，王纪章，李萍萍，等.2015.基于Android系统的温室异构网络环境监测智能网关开发［J］. 农业工程学报（5）：218-223，224，225.

陈朋朋.2011.基于传感器网络的监测系统模型及关键技术研究［D］. 青岛：中国海洋大学.

陈琦，韩冰，秦伟俊，等.2011.基于Zigbee/GPRS物联网网关系统的设计与实现［J］. 计算机研究与发展，48（S2）：367-372.

陈晓栋，原向阳，郭平毅，等.2015.农业物联网研究进展与前景展望［J］. 中国农业科技导报，17（2）：8-16.

陈永攀.2011.建筑能源系统物联网架构与实现技术研究［D］. 哈尔滨：哈尔滨工业大学.

程继红，陈传喜，李金鑫.2008.食用菌工厂化生产中HACCP智能监控系统的开发应用［J］. 中国农学通报，24（2）：449-454.

程曼，袁洪波，蔡振江，等.2013.基于全局变量预测模型的温室环境控制方法［J］. 农业工程学报（S1）：177-183.

刁海亭，聂宜民.2015.基于现代信息技术的蔬菜安全预警与追溯平台建设

[J]. 中国农业科学，48（3）：460-468.
丁为民，汪小旵，李毅念，等.2009.温室环境控制与温室模拟模型研究现状分析［J］. 农业机械学报（5）：162-168.
傅兵.2012.基于 SOA 的数字农务系统关键技术研究［D］. 南京：南京农业大学.
葛文杰，赵春江.2014.农业物联网研究与应用现状及发展对策研究［J］. 农业机械学报，45（7）：222-230，277.
归奕红.2012.面向农业监控的动态无线传感器网络路由算法［J］. 湖北农业科学，51（11）：2 345-2 347.
郭强.2012.基于 Web 服务的电子政务系统架构及关键技术研究［D］. 沈阳：东北大学.
郭文越，陈虹，刘万军.2010.基于 SOA 的数据共享与交换平台［J］. 计算机工程（19）：280-282.
郭新.2013.无线传感器网络路由协议及数据融合技术研究［D］. 广州：华南理工大学.
国发［2013］7 号.国务院关于推进物联网有序健康发展的指导意见［EB/OL］.
何龙，闻珍霞，杨海清，等.2010.无线传感网络技术在设施农业中的应用［J］. 农机化研究（12）：236-239.
何世钧，韩宇辉，张驰，等.2004.基于 CAN 总线的设施农业嵌入式测控系统［J］. 农业机械学报，35（4）：106-109.
何勇，聂鹏程，刘飞.2013.农业物联网与传感仪器研究进展［J］. 农业机械学报，44（10）：216-226.
侯维岩，魏耀徽，庞中强.2014.面向多协议的物联网网关架构和中间件设计［J］. 仪表技术（11）：25-28.
胡静涛，高雷，白晓平，等.2015.农业机械自动导航技术研究进展［J］. 农业工程学报，31（10）：1-10.
纪阳，成城，唐宁.2012.Web of Things：开放的物联网系统架构研究［J］. 数字通信，10（5）：14-19，54.
姜海燕，茅金辉，胥晓明，等.2012.基于面向服务架构和 WebGIS 的小麦生产管理支持系统［J］. 农业工程学报（8）：159-166.
姜洋，王雷.2012.基于 SOA 思想的农产品质量追溯系统架构［J］. 湖北农业科学（19）：4 369-4 373.
蒋建明，史国栋，赵德安，等.2014.水产养殖参数无线测量网络的长生命周期研究［J］. 农业工程学报，30（7）：147-154.
雷刚，王卫星，孙宝霞，等.2014.大面积水稻田无线传感器网络组网设计与优化［J］. 农业工程学报，30（11）：180-187.
雷刚，王卫星，孙宝霞，等.2013.基于能量异构双簇头路由算法的水稻田无线传感器网络［J］. 农业工程学报，29（24）：139-146.
李成法，陈贵海，叶懋，吴杰.2007.一种基于非均匀分簇的无线传感器网络路由协议［J］. 计算机学报，30（1）：27-36.
李道亮.2012.农业物联网导论［M］. 北京：科学出版社：1-2.
李道亮.2012.物联网与智慧农业［J］. 农业工程（1）：1-7.
李贡湘.2013.数据采集软件系统开发平台设计与实现［D］. 青岛：中国海洋大学.
李广明，黄立平，詹锦川，等.2006.食用菌工厂化生产智能监控系统应用研究［J］. 安徽农业科学（17）：4 496-4 497.
李洪，姚光强，陈立平.2008.基于 GPS、GPRS 和 GIS 的农机监控调度系统［J］. 农业工程学报，28（S2）：119-122.
李瑾，郭美荣，高亮亮.2015.农业物联网技术应用及创新发展策略［J］. 农业工程学报，31（S2）：200-209.
李仁发，魏叶华，付彬，等.2008.无线传感器网络中间件研究进展［J］. 计算机研究与发展（3）：383-391.
李小敏，臧英，罗锡文，等.2013.兰花大棚内无线传感器网络 433MHz 信道传播特性试验［J］. 农业工程学报，29（13）：182-189.
李迎霞，杜尚丰.2004.中国温室环境智能控制算法研究进展［J］. 农业工程学报，20（2）：267-272.
刘红义，赵方，李朝晖，等.2010. 一种基于 WiFi 传感器网络的室内外环境远程监测系统设计与实现［J］. 计算机研究与发展（S2）.
刘寿春，赵春江，杨信廷，等.2013.冷链物流过程猪肉微生物污染与控制图设计［J］. 农业工程学报，29（7）：254-260.
刘双印，徐龙琴，李道亮，等.2014.基于物联网的南美白对虾疾病远程智能诊断系统［J］. 中国农业大学学报，19（2）：189-195.
刘艺.2014.基于农业生产过程的农业物联网数据处理若干关键技术的研究

[D]. 北京：北京邮电大学.
鹿海磊.2013.基于 Web of Things 技术的应用关键技术及案例分析 [D]. 北京：北京邮电大学.
吕立新，汪伟，卜天然.2009.基于无线传感器网络的精准农业环境监测系统设计 [J]. 计算机系统应用 (8)：5-9.
倪军，王婷婷，姚霞，等.2013.作物生长信息获取多光谱传感器设计与试验 [J]. 农业机械学报，44 (5)：207-212.
宁焕生，徐群玉.2010.全球物联网发展及中国物联网建设若干思考 [J]. 电子学报 (11)：2 590-2 599.
牛磊.2012.基于农业物联网的田间环境监控系统的设计与实现 [D]. 武汉：中南民族大学.
钱志鸿，王义君.2012.物联网技术与应用研究 [J]. 电子学报，40 (5)：1 023-1 029.
秦怀斌，李道亮，郭理.2014.农业物联网的发展及关键技术应用进展 [J]. 农机化研究，4 (4)：246-248，252.
秦琳琳，马国旗，储著东，等.2016.基于灰色预测模型的温室温湿度系统建模与控制 [J]. 农业工程学报 (S1)：233-241.
屈利华，赵春江，杨信廷，等.2012.Zigbee 无线传感器网络在温室多源数据采集系统中的应用综述 [J]. 中国农机化，242 (4)：179-183.
饶绪黎，张美平，许力.2013.基于 Zigbee 技术的 RFID 读卡系统设计 [J]. 山东大学学报 (理学版) (7)：62-67.
沈苏彬.2012.物联网参考模型的分析 [J]. 电信网技术 (1)：19-23.
沈苏彬，范曲立，宗平，等.2009.物联网的体系结构与相关技术研究 [J]. 南京邮电大学学报 (自然科学版) (6)：1-11.
盛科.2013.插件式能耗数据采集中间件的设计与实现 [D]. 广州：华南理工大学.
盛平，郭洋洋，李萍萍.2012.基于 ZigBee 和 3G 技术的设施农业智能测控系统 [J]. 农业机械学报，43 (12)：229-233.
史海霞，杨毅.2009.肉用猪质量安全追溯系统 [J]. 农机化研究 (12)：61-64.
孙其博，刘杰，黎彝，等.2010.物联网：概念、架构与关键技术研究综述 [J]. 北京邮电大学学报 (3)：1-9.

孙通，徐惠荣，应义斌.2009.近红外光谱分析技术在农产品/食品品质在线无损检测中的应用研究进展［J］. 光谱学与光谱分析，29（1）：122-126.

孙旭东，章海亮，欧阳爱国，等.2009.柑橘质量安全可追溯信息系统实现方法［J］. 农机化研究（12）：162-164，168.

孙忠富，曹洪太，李洪亮，等.2006.基于GPRS和WEB的温室环境信息采集系统的实现［J］. 农业工程学报（6）：131-134.

唐卫东，刘欢，刘冬生，等.2014.基于植株-环境交互的温室黄瓜虚拟生长模型研究［J］. 农业机械学报，45（2）：262-268.

王琛.2009.ZigBee路由算法研究及应用［D］. 济南：山东大学.

王冬.2013.基于物联网的智能农业监测系统的设计与实现［D］. 大连：大连理工大学.

王凡.2011.基于ZIGBEE和RFID的物联网中间件的设计与实现［D］. 北京：北京邮电大学. 104.

王风云，赵一民，张晓艳，等.2009.基于分段控制策略的温室智能测控系统设计［J］. 农业机械学报，40（5）：178-181.

王林，姜杰.2014.无线传感器网络中间件技术研究综述［J］. 计算机工程与科学（2）：244-249.

王庆华，谢琦，李佳.2012.兼容多协议的通用WSN网关的设计［J］. 计算机工程与设计（12）：4 440-4 444.

王清辉，俞彤.2012.面向服务的农产品质量控制与追溯系统架构研究［J］. 江苏农业科学，40（11）：305-307.

王彦集，张瑞瑞，陈立平，等.2008.农田环境信息远程采集和Web发布系统的实现［J］. 农业工程学报（S2）：279-282.

汪永鹏.2013.物联网感知层智能网关及开放服务接口的研究与实现［D］. 北京：北京邮电大学.

魏歌.2015.不同物联网架构的分层标准的研究［J］. 计算机技术与发展，24（12）：221-225，229.

闻珍霞，何龙，杨海清，等.2010.发展自动控制精准滴灌技术　加快节约型农业建设［J］. 农业装备技术（3）：22-24.

吴振宇.2013.基于Web的物联网应用体系架构和关键技术研究［D］. 北京：北京邮电大学.

夏于，孙忠富，杜克明，等.2013.基于物联网的小麦苗情诊断管理系统设计与实现［J］. 农业工程学报，29（5）：117-124.

谢菊芳，陆昌华，李保明，等.2006.基于.NET构架的安全猪肉全程可追溯系统实现［J］. 农业工程学报（6）：218-220.

熊本海，罗清尧，杨亮.2011.家畜精细饲养物联网关键技术的研究［J］. 中国农业科技导报，13（5）：19-25.

许世卫.2013.我国农业物联网发展现状及对策［J］. 中国科学院院刊，28（6）：686-692.

杨林.2014.农业物联网标准体系框架研究［J］. 标准科学（2）：13-16.

杨婷，汪小昆.2010.基于ZigBee无线传感网络的自动滴灌系统设计［J］. 节水灌溉（2）：10-12，16.

杨信廷，钱建平，范蓓蕾，等.2011.农产品物流过程追溯中的智能配送系统［J］. 农业机械学报（5）：125-130.

杨信廷，钱建平，孙传恒，等.2008.蔬菜安全生产管理及质量追溯系统设计与实现［J］. 农业工程学报，24（3）：162-166.

尹湘源.2014.无线传感器网络低能耗分簇路由算法关键技术研究［D］. 上海：华东理工大学.

于君，王洋，张雪英.2012.物联网技术应用实践及其体系结构［J］. 自动化仪表，33（3）：42-45，49.

余欣荣.2013.关于发展农业物联网的几点认识［J］. 中国科学院院刊，28（6）：679-685.

袁洪波，李莉，王俊衡，等.2015.基于温度积分算法的温室环境控制方法［J］. 农业工程学报，31（11）：221-227.

张传帅，张天蛟，张漫，等.2014.基于WSN的温室环境信息远程监测系统［J］. 中国农业大学学报，19（5）：168-173.

张晓东，毛罕平，倪军，等.2009.作物生长多传感信息检测系统设计与应用［J］. 农业机械学报（9）：164-170.

张有光，杜万，张秀春，等.2006.全球三大RFID标准体系比较分析［J］. 中国标准化（3）：61-63.

章伟聪，俞新武，李忠成.2011.基于CC2530及ZigBee协议栈设计无线网络传感器节点［J］. 计算机系统应用，20（7）：120，184-187.

赵春江，吴华瑞，朱丽.2011.一种农田无线传感器网络能量控制与动态路由算法［J］. 传感技术学报，24（6）：909-914.
赵亮，张吉礼，梁若冰.2014.面向建筑能源系统的物联网通用网关设计与实现［J］. 大连理工大学学报（1）：85-90.
赵胜钢.2009.国家农业科学数据共享平台体系结构研究［D］. 北京：中国农业科学院.
赵万青.2012.数据交换与共享系统的设计与实现［D］. 武汉：华中科技大学.
中国电子技术标准化研究院，国家物联网基础标准工作组.2016.物联网标准化白皮书［R］.
朱勇，卿培.2012.基于新分簇路由算法的温室监控网络节能研究［J］. 仪器仪表学报，33（6）：1 420-1 426.
左志宇，毛罕平，张晓东，等.2010.基于时序分析法的温室温度预测模型［J］. 农业机械学报（11）：173-177，182.
A English，P Ross，D ball，et al.2015.Learning Crop Models for Vision-based Guidance of Agricultural Robots［C］//Intelligent Robots and Systems (iros)，Ieee/rsj International Conference on，158-1163.
Ampatzidis Y G，Vouqioukas S G.2009.Field experiments for evaluating the incorporation of RFID and barcode registration and digital weighing technologies in manual fruit harvesting［J］. Computers and Electronics in Agriculture, 66（2）：166-172.
Arib，ATIS，CCSA，et al. 2016. ONEM2M TECHNICAL SPECIFICATION-Functional Architecture［R］.
Backman J，Piirainen P，Oksanen T.2015.Smooth Turning Path Generation for Agricultural Vehicles in Headlands［J］. Biosystems Engineering，139：76-86.
Bahl P，Padmanabhan VN.2000.Radar：an In-building Rf-based User Location and Tracking System［J］. Institute of Electrical & Electronics Engineers Inc，2：775-784.
Barr R，Bicket J C，Dantas D S，et al. 2002. On the Need for System-level Support for Ad Hoc and Sensor Networks［J］. Acm Sigops Operating Systems Review，36（2）：1-5.
Bishophurley G J，Swaim D L，Anderson D M，et al. 2007. Virtual fencing

applications: Implementing and testing an automated cattle control system [J].Computers and Electronics in Agriculture, 56 (1): 14-22.

Bonnet P, Gehrke J, Seshadri P.2000.Querying the Physical World [J]. Ieee Personal Communications, 7 (5): 10-15.

Bonnet P, Gehrke J, Seshadri P.2001.Towards Sensor Database Systems [J]. MDM, 3-14.

Boukerche A, Pazzi R, Araujo R.B.2005.HPEQ-A Hierarchical Periodic, E-vent-driven and Query-based Wireless Sensor Network Protocol [C] //Local Computer Networks, 2005. 30th Anniversary. The IEEE Conference on, 560-567.

Boulis, Athanassios, Han, et al.1981.Design and Implementation of a Frame-work for Efficient and Programmable Sensor Networks [J]. Openarch, 200-187.

Bowman K D. 2010. Longevity of Radio frequency Identification Device Micro-chips in Citrus Trees [J].Hortscienc, 45 (3): 451-452.

Costa C, Antonucci F, Pallottino F, et al.2013.A Review on Agri-food Supply Chain Traceability By Means of Rfid Technology [J]. Food and Bioprocess Technology, 6 (2): 353-366.

Duan yan-e. 2012. Research About Based-soa Agriculture Management Information System [C] //Information and Automation (icia), 2012 International Conference on, 78-82.

Duquennoy S, Grimaud G, Vandewalle JJ. 2009. Smews: Smart and Mobile Embedded Web Server [C] //2010 International Conference on Complex, Intelligent and Software Intensive Systems, 571-576.

Etsi.2011.Machine-to-Machine (M2M) Standardization [R].

Fok C L, Roman G, Lu C.2005.Rapid Development and Flexible Deployment of Adaptive Wireless Sensor Network Applications [C]. 653-662.

González L, Bishop-hurley G, Handcock R, et al.2015.Behavioral Classification of Data From Collars Containing Motion Sensors in Grazing Cattle [J]. Computers and Electronics in Agriculture, 110: 91-102.

Goyal D, Tripathy M R.2012.Routing Protocols in Wireless Sensor Networks: a Survey [C] //2012 Second International Conference on Advanced

Computing & Communication Technologies，474-480.

Gubbi J，Buyya R，Marusic S，et al.2013.Internet of Things (iot)：a Vision，Architectural Elements，and Future Directions [J]. Future Generation Computer Systems，29 (7)：1 645-1 660.

Guinard D，Trifa V，Wilde E.2010.A Resource Oriented Architecture for the Web of Things [C] //Internet of Things，1-8.

Hamrita T K，Hoffacker E C.2005.Development of a "smart" wireless soil monitoring sensor prototype using RFID technology [J]. Applied Engineering in Agriculture，21 (1)：139-143.

Handcock R N，Swain D L，Bishop-hurley G J，et al.2009.Monitoring Animal Behaviour and Environmental Interactions Using Wireless Sensor Networks，Gps Collars and Satellite Remote Sensing [J]. Sensors，9 (5)：3 586-3 603.

Heinzelman W R，Chandrakasan A，Balakrishnan H. 2000. Energy-efficient communication protocol for wireless microsensor networks [C] //System Sciences，2000. Proceedings of the 33rd Annual Hawaii International Conference on.

Heinzelman Wendi B.Chandrakasan Anantha P.Balakrishnan Hari.2002.An application-specific protocol architecture for wireless networks [J]. IEEE Transactions on Wireless Communications，1 (4)：660-670.

Jamal N A，Ahemd E K. 2004. Routing Techniques in Wireless Sensor Networks：A Survey [J]. IEEE Wireless Communications，11：6-28.

J D Yu，K T kim，Y J Bo，et al. 2009.An Energy Efficient Chain-Based Clustering Routing Protocol for Wireless Sensor Networks [C] //Advanced Information Networking and Applications Workshops，2009.WAINA '09.International Conference on，383-388.

Joachim Walewski W.2011.Initial Architectural Reference Model for IoT [R].

Koshizuka N，Sakamura K.2010.Ubiquitous Id：Standards for Ubiquitous Computing and the Internet of Things [J]. Ieee Pervasive Computing，9 (4)：98-101.

Levis P，Culler D.2002.Maté：a Tiny Virtual Machine for Sensor Networks [J]. Sigops Operating Systems Review，37 (10)：85-95.

Li S, Son S H, Stankovic J A. 2004. Event Detection Services Using Data Service Middleware in Distributed Sensor Networks: Wireless Sensor Networks (guest Editors: Yuh-shyan Chen, Yu-chee Tseng, Ying Zhang, Feng Zhao) [J]. Telecommunication Systems, 26 (2): 351-368.

Lin F T, Kuo Y C, Hsieh J C, et al.2015.A Self-powering Wireless Environment Monitoring System Using Soil Energy [J]. Ieee Sensors Journal, 15 (7): 3 751-3 758.

Liu T, Martonosi M.2010. Impala: a Middleware System for Managing Autonomic, Parallel Sensor Systems [C] //Acm Sigplan Symposium on Principles & Practice of Parallel Programming.

Liu X.2012. A Survey on Clustering Routing Protocols in Wireless Sensor Networks [J]. Sensors, 12 (8): 11 113.

Mai Thi Quynh Banh, Nguyen Giang Trung, Ngo Thu Quynh.2012.Energy-balanced and fault-tolerant clustering routing protocol for event driven WSNs [J]. SoICT '12 Proceedings of the Third Symposium on Information and Communication Technology, 149-158.

Manjeshwar A, Agrawal D P.2000.Teen: a Routing Protocol for Enhanced Efficiency in Wireless Sensor Networks [C] //Parallel and Distributed Processing Symposium., Proceedings 15th International, 2 009-2 015.

Manjeshwar A, Agrawal D P.2002. APTEEN: A Hybrid Protocol for Efficient Routing and Comprehensive Information Retrieval in Wireless Sensor Networks [C] //Parallel and Distributed Processing Symposium., Proceedings International, IPDPS 2002, Abstracts and CD-ROM, 195-202.

Murakami E, Saraiva A M, Ribeiro junior L C, et al.2007. An Infrastructure for the Development of Distributed Service-oriented Information Systems for Precision Agriculture [J]. Computers and Electronics in Agriculture, 58 (1): 37-48.

Nagl L, Schmitz R, Warren S, et al. 2003. Wearable Sensor System for Wireless State-of-health Determination in Cattle [C] //Engineering in Medicine and Biology Society, 2003.Proceedings of the 25th Annual International Conference of the Ieee, 17: 3 012-3 015.

Ning H, Wang Z.2011.Future Internet of Things Architecture: Like Mankind

Neural System or Social Organization Framework? [J]. Ieee Communications Letters, 15 (4): 461-463.

Pantazis N A, Nikolidakis S A, Vergados D D.2012.Energy-efficient Routing Protocols in Wireless Sensor Networks: a Survey [J]. Ieee Communications Surveys & Tutorials, 15 (2): 551-591.

Presser M, Barnaghi P M, Eurich M, et al. 2009. The Sensei Project: Integrating the Physical World with the Digital World of the Network of the Future [J]. Ieee Communications Magazine, 47 (4): 1-4.

Pujolle G.2006.An Autonomic-oriented Architecture for the Internet of Things [C] //Proceedings of the Ieee John Vincent Atanasoff 2006 International Symposium on Modern Computing: Ieee Computer Society, 163-168.

Qi L, Zhang J, Xu M, et al.2011.Developing Wsn-based Traceability System for Recirculation Aquaculture [J]. Mathematical and Computer Modelling, 53 (11): 2 162-2 172.

Ratnaraj S, Jagannathan S, Rao V.2006.OEDSR Optimized Energy-Delay Sub-network Routing in Wireless Sensor Network [C] //Networking, Sensing and Control, 2006. ICNSC′06. Proceedings of the 2006 IEEE International Conference on, 330-335.

Sanjay Sarma, David L Brock, Kevin Ashton. 2000. The Networked Physical World Proposals for Engineering the Next Generation of Computing, Commerce & Automatic-Identification [R]. Auto-ID Center.

Shen C C, Srisathapornphat C, Jaikaeo C.2001.Sensor Information Networking Architecture and Applications [J]. Ieee Personal Communications, 8 (4): 52-59.

Souto E, Guimar, Es G, et al.2006. Mires: a Publish/subscribe Middleware for Sensor Networks [J]. Personal and Ubiquitous Computing, 10 (1): 37-44.

S R Madden. 2005. Tinydb: an Acquisitional Query Processing System for Sensor Networks [J]. Acm Trans.Database Syst., 30 (1): 122-173.

Srbinovska M, Gavrovski C, Dimcev V, et al. 2015. Environmental Parameters Monitoring in Precision Agriculture Using Wireless Sensor Networks [J].Journal of Cleaner Production, 88: 297-307.

Taylor K, Mayer K.TinyDB by remote [C].2004.In: Presentation in Australian Mote Users' Workshop, Sydney, Australia, February 27.On World Inc.

Traub ken, Felice Armenio Henri Barthel, et al.2015.The GS1 EPCglobal Architecture Framework [R].

Vazquez J I, Ruiz-de-garibay J, Eguiluz X, et al.2010.Communication Architectures and Experiences for Web-connected Physical Smart Objects [C] //2010 8th Ieee International Conference on Pervasive Computing and Communications Workshops (percom Workshops), 684-689.

Vicaire P A, Xie Z, Hoque E, et al.2010.Physicalnet: a Generic Framework for Managing and Programming Across Pervasive Computing Networks [C] //2010 16th Ieee Real-time and Embedded Technology and Applications Symposium, 269-278.

Vijayakumar N, Ramya R.2015.The Real Time Monitoring of Water Quality in Iot Environment [C] //Innovations in Information, Embedded and Communication Systems (iciiecs), 2015 International Conference on, 1-5.

Vinh tran quang Takumi-Miyoshi.2008.Adaptive Routing Protocol with Energy Efficiency and Event Clustering for Wireless Sensor Networks [J]. IEICE Transactions, 91-B.

Xu L, Chen L, Chen T, et al.2011.Soa-based Precision Irrigation Decision Support System [J]. Mathematical and Computer Modelling, 54 (3): 944-949.

Y.2221 ITU-T.2010.Requirements for support of ubiquitous sensor network (USN) applications and services in the NGN environment [R].

Yu X, Yamakawa A, Kiura T, et al.2007.Crowis: a System for Sharing and Integrating Crop and Weather Data [J]. Agricultural Information Research, 16 (3): 124-131.

Yupho Debdhanit, Kabara, Joseph.2006.Continuous vs.Event Driven Routing Protocols for WSNs in Healthcare Environments [C] //Pervasive Health Conference and Workshops, 2006, 1-4, 141.